吃得到滿滿蛋白質！
全營養簡易料理

監修　早稻田大學教授　宮地元彦
食譜　營養師・料理家　堀江幸子
翻譯　王淳蕙

Contents

006 本書使用方法

Part1 想知道更多！蛋白質的高效攝取法

008 現代人缺乏蛋白質的原因
010 蛋白質是所有年齡層的必須營養素
012 為什麼越高齡越需要蛋白質
014 只要多攝取5～10克蛋白質，就能增加肌肉量
016 含有5～10克高蛋白質的優質食材
018 如果蛋白質攝取過多，又會如何呢？
020 均衡攝取植物性&動物性蛋白質
022 加倍提升肌肉量的五大營養素
026 蛋白質和腸內環境的關係
028 不同部位的肉，蛋白質比例大不同
030 蛋白質該從哪裡攝取比較好？飲食還是喝蛋白粉？
032 想要變瘦，高蛋白・低脂肪是最基本條件
034 有意識地攝取蛋白質，就能獲得健康效果
040 三餐增加蛋白質的簡單方法
052 購買現成的市售蛋白質食品
054 Column1 蛋白質Q＆A

Part 2

想大快朵頤！滿滿蛋白質的美味料理

確實攝取蛋白質・一日菜單範例① 056
(早) 納豆起司吐司／青花菜蛋沙拉
(午) 蔬菜雞肉蛋烏龍麵 057
(晚) 小松菜肉片豆腐／羊棲菜鮪魚沙拉／醋漬花枝小黃瓜海帶芽 058

確實攝取蛋白質・一日菜單範例② 060
(早) 烤鮭魚／大豆小黃瓜沙拉／豆腐海帶芽味噌湯
(午) 荷包蛋打拋雞肉飯 061
(晚) 豆腐肉醬義大利麵／蝦仁生菜沙拉／蛋花湯 062

一碗搞定的高蛋白全營養食譜
064 5種蔬菜鯖魚沙拉
066 豬肉溫蔬菜沙拉
067 鰹魚香料沙拉
068 鮪魚生魚片蔬菜沙拉／高麗菜雞肉沙拉
069 蝦仁鯷魚生菜沙拉／梅肉鮪魚凱薩沙拉
070 蛤蜊巧達濃湯
072 豆腐雞肉丸子高麗菜湯
073 海陸辣豆腐鍋
074 埃及帝王菜雞柳蕪菁湯／擔擔豆乳湯
075 燕麥鹹豆漿／玉米蛋花濃湯

雞胸肉
076 義式香煎雞胸肉
078 照燒雞胸肉
079 香煎茄汁雞胸肉
080 雞肉時蔬涮涮鍋
081 味噌優格烤雞／雞肉榨菜拌豆腐

雞柳
082 印度烤雞柳
084 雞柳回鍋肉
085 雞柳四季豆炒蛋
086 涼拌麻醬手撕雞

087 雞柳越式生春捲／焗烤梅子雞柳

豬里肌・豬腿肉

088 柚子醋炒番茄豬里肌
090 小茴香煎豬里肌
091 涮豬肉豆腐沙拉／燉豬肉蔬菜

牛瘦肉

092 小茴香炒大豆牛肉
094 牛肉半敲燒
095 牛肉納豆炒辛奇／醬炒牛肉彩椒

絞肉

096 起司豆腐漢堡排
098 凍豆腐鑲肉
099 雞肉豆腐香腸
100 奶香濃湯水餃
101 豆腐豆漿擔擔鍋

切片魚

102 照燒鰤魚油豆腐
104 牛奶味噌煮鯖魚
105 豆漿燉鮭魚
106 香煎鰆魚佐莫札瑞拉起司
107 香煎旗魚佐塔塔醬

海鮮類

108 焗烤豆漿海鮮白菜
110 章魚高麗菜拌鯷魚
111 辣醬花枝竹輪／花枝辛奇納豆

生魚片

113 蔥花碎鮭魚／生拌甜蝦干貝
114 義式嫩煎咖哩鮪魚
115 蘿蔔泥燉鯛魚豆皮

116 Column2 **用罐頭做簡易蛋白質食譜**
甘醋漬鯖魚／鯖魚涼拌羊棲菜／鮪魚蛋三明治／秋刀魚炒蛋／烤雞肉起司燒／雞肉油豆腐披薩／大豆菠菜拌豆腐／大豆拌羊棲菜

120 Column3 **各種美味的高蛋白生蛋拌飯**
佃煮昆布醃梅乾／柴魚片起司／韓式辣拌韭菜／櫻花蝦蔥花高湯／玉米鮪魚／納豆芥末白芝麻／魩仔魚蔥花／韓國海苔鹽麴

蛋・乳製品

122 烘蛋風歐姆蛋
124 韓式魩仔魚煎蛋
125 包餡荷包蛋／毛豆炒蛋
126 土耳其風小黃瓜優格湯
127 黑芝麻優格吐司／味噌優格蔬菜棒
128 Column4 涼拌豆腐的變化料理
酪梨辛奇／鮪魚鵪鶉蛋芥末／芝麻風梅肉／辣味榨菜蔥花／秋葵鹽昆布／醋拌水雲昆布絲／裙帶絲蔥花柚子醋醬油／番茄紫蘇葉柚子醋醬油

豆腐

131 豆腐蔬菜炒肉片
132 凍豆腐炒彩椒
133 凍豆腐雞蛋三明治
134 義大利鹽豆腐沙拉
135 豆漿筍乾豆腐／蒜泥拌豆腐酪梨
136 Column5 納豆的變化料理
酪梨納豆／鮪魚納豆／番茄納豆沙拉／小松菜黃芥末拌納豆／醋拌海帶芽納豆／山藥納豆／納豆肉燥／香菜納豆

大豆・豆類

138 蒜炒綜合豆茄子
140 繽紛三色豆渣沙拉
141 鮪魚優格豆渣沙拉
142 毛豆奶油醬佐法國麵包
143 大豆拌梅肉柴魚片
144 Column6 含有豐富蛋白質的味噌湯
青花菜海瓜子巧達味噌湯／櫻花蝦豆腐味噌湯／高麗菜洋蔥油豆腐味噌湯／納豆豆皮味噌湯／鯖魚高麗菜番茄味噌湯／鮭魚金針菇味噌湯／肉燥豆腐豆芽菜擔擔味噌湯／韭菜豆腐蛋花味噌湯
148 Column7 最適合搭配蛋白質的開胃小菜
番茄魩仔魚／胡蘿蔔拌明太子／青花菜起司沙拉／韓式青江菜拌蝦仁／蟹肉棒起司涼拌高麗菜／燉煮昆布絲大豆／醬煮竹輪香菇／豆苗拌鮭魚鬆／小松菜炒鮪魚／蘆筍拌海苔起司／薑絲炒海帶芽／蘿蔔乾拌納豆／羊棲菜拌起司堅果／豆腐大阪燒／番茄燉大豆鮪魚／荷蘭豆魩仔魚炒蛋

156 索引

- 材料以1～2人份為主。部分食譜則是以容易製作的份量標示。
- 食譜的營養素多以「1人份」計算，只有在份量非按照人數，而是「容易做的份量」時，會是以製作量的一半來計算。
- 計量單位的1大匙=15毫升，1小匙=5毫升。
- 微波爐用的是600W。若是500W的微波爐，加熱時間則為標示時間的1.2倍。
- 「少許」是指不到1/6小匙，「適量」是指對個人口味來說剛剛好的量，「適宜」則是依個人喜好，可選擇加或不加。
- 依冷藏・冷凍庫內的冷氣循環狀態、開關頻率等，能享用的美味期間多少會有些差異。因此，保存期間僅是參考值。
- 保存時，務必等食物放涼再用乾淨的筷子夾進容器中。

❶ 根據最新研究結果，以淺顯易懂的圖文解說「蛋白質的祕密」

以圖表解說蛋白質的攝取量與肌肉的關係！

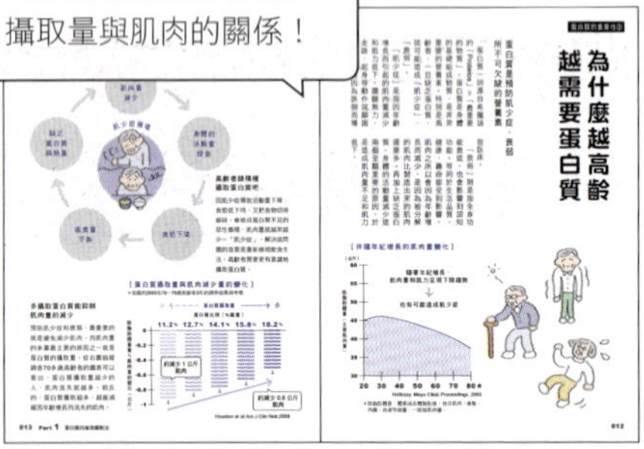

如何在平常的飲食中增加蛋白質的方法！

❷ 豐富且有效吸收蛋白質的美味食譜！

一次就能攝取到蛋白質及其他營養的一碗食譜

以肉、魚、蛋、乳製品、大豆製品等食材分類並設計而成的豐富蛋白質料理！

每道食譜皆有熱量、醣質、脂質、蛋白質量的標示。
蛋白質、脂質及碳水化合物的攝取比例以一目瞭然的圓餅圖標示。
另附有標明食材營養及食譜的重點。

Part 1

蛋白質的高效攝取法

想知道更多！

為什麼必須攝取蛋白質？
一天應該攝取多少的量？
如何輕易地攝取到足夠的蛋白質？
生活中最需要的蛋白質攝取知識。
本章節將利用圖表或圖片詳細解說。

現代人缺乏蛋白質的原因

經常減肥或預防代謝症候群，以致大多數人的蛋白質攝取量都不足

多數人看到報導說「現代人營養不良」應該都很驚訝吧！因為在過去，人們更常被警告要注意過度攝取熱量和肥胖，以及衍生而來的代謝症候群和慢性病。但事實上大多數的現代人，卻相當缺乏生存所需的能量、身體之源的重要營養素——「蛋白質」。

在過去物資缺乏的時代，人們的蛋白質攝取量並未達到標準量。之後，即如下圖所示，隨著生活富足後一路向上延伸到高度成長期，甚至出現攝取過剩的狀態。但自此之後卻又急速下降，回到與1950年代相同的程度。這樣的結果皆是因為大家對慢性病的意識提高，以及因減肥、預防代謝症候群而減少卡路里的攝取，造成缺乏很重要的蛋白質。

【蛋白質攝取量的發展（成人平均值）】

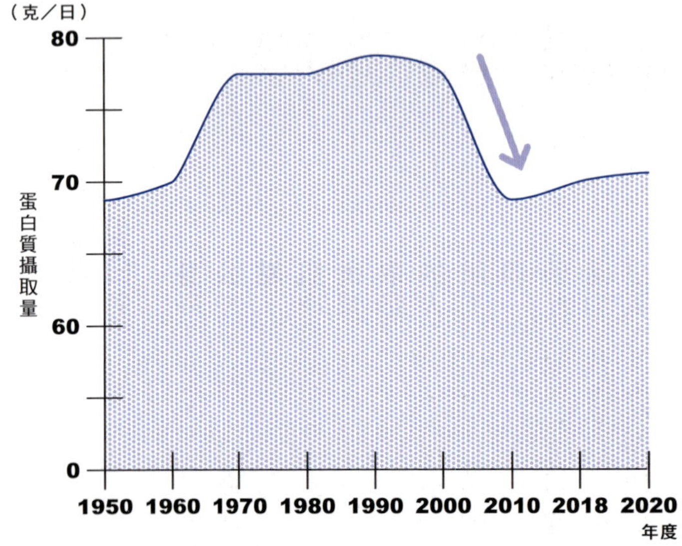

資料來源：厚生省／厚生勞動省1947～1993「國民營養的現狀」、1994～2002「國民營養調查」、2003～「國民健康・營養調查」

【蛋白質的實際攝取量與「目標量」之間的差異】

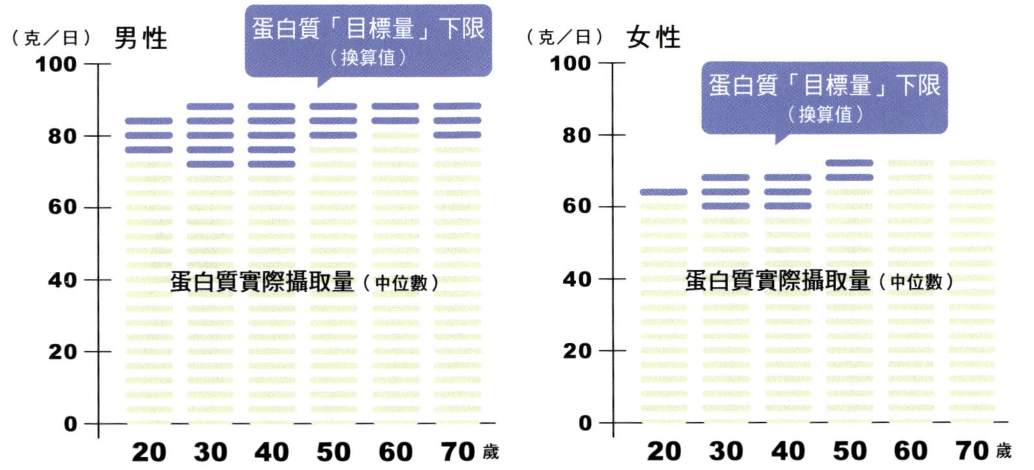

資料來源：厚生勞働省／2017年國民健康・營養調查報告、日本人的飲食攝取基準2020年版

蛋白質的實際攝取量與最低目標量的差距

20歲以上，男性約10~13克，女性約2~7克

想要常保年輕、活到百歲以上，就要吃到足夠的優質蛋白質

如上圖所示，在所有世代中，蛋白質攝取量未達目標值的人相當多。其中年輕世代更令人擔心。尤其是女性的攝取量，雖然從圖表來看離目標量好像很近，但實際狀況是很嚴重的。蛋白質的目標攝取量是以體重為基準來計算，一個體重50公斤的成人，一天的目標量為60克。但是，以亞洲女性的平均身高158公分、體重50公斤來看，略微瘦了一點，再說肌肉量也不夠。肌肉量會隨著年齡增長而遞減，對於原本蛋白質攝取量就少、也沒什麼肌肉的人來說，老後更會因為肌肉量的減少導致腿腰衰弱、臥床等重大的影響。因此，如果想常保健康有活力，需要累積多少的蛋白質，答案已顯而易見。

蛋白質是所有年齡層的必須營養素

從年輕人到高齡者都必須攝取足夠的蛋白質

想要長壽且健康地度過，蛋白質扮演極為重要的角色。只要確實攝取蛋白質、適當的運動，絕對會增加肌肉量。這對高齡者而言同樣重要，務必從現在開始積極地攝取蛋白質吧。也不要仗勢自己還年輕，沒吃蛋白質也沒關係。為了將來做準備，每個人都必須囤積充足的肌肉量。令人憂心的是，就如前一頁的圖表所示，20～40多歲的人，蛋白質尤其不足。蛋白質的實際攝取量和目標量之間的差異，男性在10～13克、女性在2～7克左右，建議女性在日常飲食中，更有意識地攝取蛋白質。

因為蛋白質不足，不僅肌肉會減少，免疫力也會下降，甚至會影響到月經不規律等問題。

memo 蛋白質是構成身體的要素之一

右圖顯示，構成人體的物質中佔最大比例的是水分，蛋白質佔了18%，為第二多的。人體中的蛋白質約有10萬種之多，為體內所有部位使用。蛋白質不僅是製造肌肉的材料，內臟、皮膚、毛髮等身體組織、血液、荷爾蒙等分泌物、消化酵素等等，皆是由蛋白質製造而成。若是缺乏蛋白質，就連擔任免疫系統的免疫細胞、抗體等也都無法製造。因此，構成身體以及為了各臟器機能而工作的就是蛋白質。

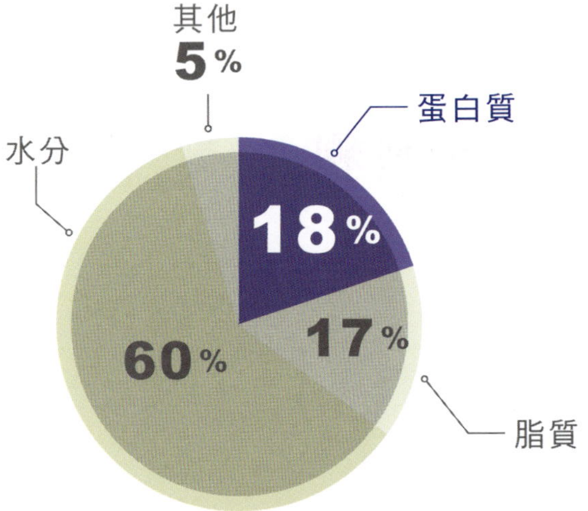

蛋白質攝取不足的影響

成年男性

缺乏運動、飲食不均衡、蛋白質攝取不足，衍生基礎代謝低下的可能性。

肥胖

代謝症候群的可能性增加

年輕女性

因過度減肥造成蛋白質攝取量不足，衍生各種身體不適、貧血等可能性。

過瘦・貧血，生出體重不足新生兒的機率增加

高齡者

因活動量減少而吃得少，蛋白質攝取量就會容易不足，導致營養不足。

過瘦・肌肉量和**肌力低下**，是需要照護的原因之一

營養過剩　　**營養不足**

免疫力・抵抗力低下

為什麼越高齡越需要蛋白質

蛋白質是預防肌少症、衰弱所不可欠缺的營養素

蛋白質一詞源自希臘語的「Proteios」＝「最重要的物質」。蛋白質是身體的基礎組成物質，是非常重要的營養素。特別是高齡者，一旦缺乏蛋白質，就可能造成「肌少症」、「衰弱」。

「肌少症」是指因年齡增長而引起的肌肉量減少和肌力低下。腰腿無力，走路、起身等動作就顯困難。更可能因為跌倒而導致臥床。

「衰弱」則是指全身功能衰退，也會影響到認知功能。等同於生活品質、健康、壽命都受到影響。

肌肉之所以會因為年齡增長而減少，是因為被分解的肌肉比製造出來的肌肉還要多。再加上缺乏蛋白質、身體的活動量減少這兩個至關重要的原因，於是造成肌肉量不足和肌力低下。

【伴隨年紀增長的肌肉量變化】

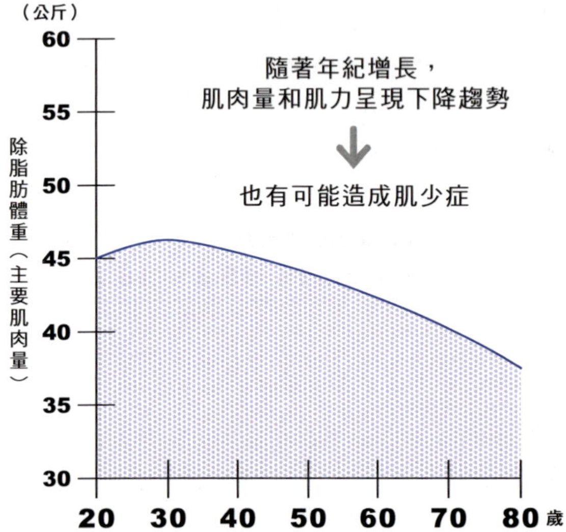

Holloszy. Mayo Clinic Proceedings, 2000

＊除脂肪體重：體重減去體脂肪後，包含肌肉、骨骼、內臟、血液等總量，一般指肌肉量。

〔高齡者的食物切得很細碎，反而容易得肌少症〕

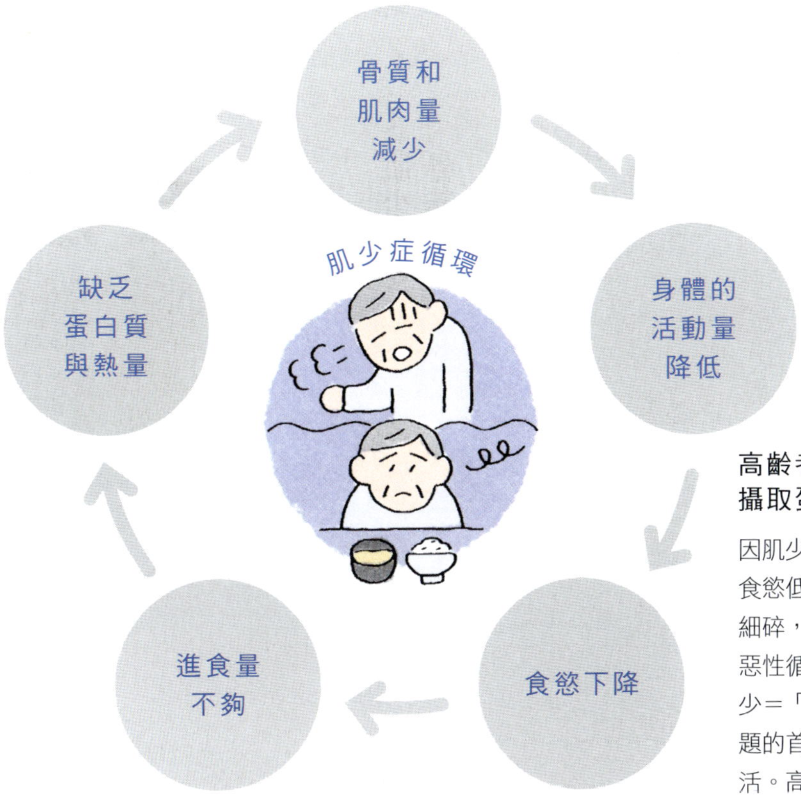

高齡者請積極攝取蛋白質吧

因肌少症導致活動量下降、食慾低下時，又把食物切得細碎，會造成蛋白質不足的惡性循環，肌肉量就越來越少＝「肌少症」。解決這問題的首要是重新檢視飲食生活。高齡者需要更有意識地攝取蛋白質。

多攝取蛋白質能抑制肌肉量的減少

預防肌少症和衰弱，最重要的就是避免減少肌肉。而肌肉量的多寡最主要的原因之一就是蛋白質的攝取量。從右圖追蹤調查70多歲高齡者的圖表可以看出，蛋白質攝取量越少的人，肌肉流失就越多。相反的，蛋白質攝取越多，越能減緩因年齡增長而流失的肌肉。

【蛋白質攝取量與肌肉減少量的變化】

＊追蹤約2000名70～79歲高齡者3年的調查結果與考察

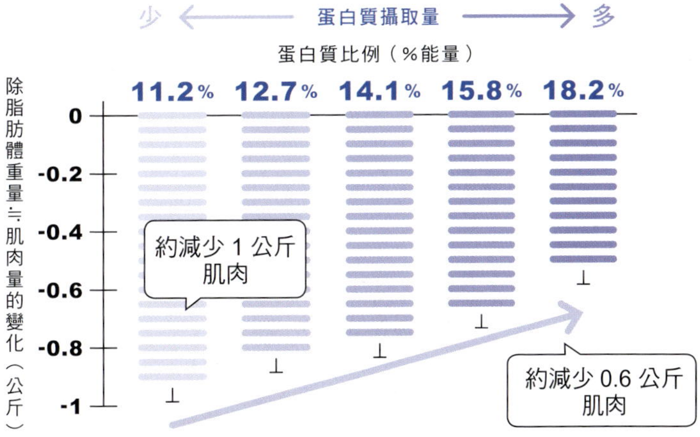

Houston et al.Am J Clin Nutr,2008

只要多攝取5～10克蛋白質就能增加肌肉量

每日理想的總蛋白質攝取量是每公斤體重攝取1.3～1.5克

根據日本厚生勞動省（類似於台灣的衛福部）的飲食攝取基準，建議體重每1公斤每日的蛋白質攝取量是1.2克。體重50公斤即為60克。但這只是維持肌肉的基本必須量，為預防將來的肌少症和衰弱，最好能事先增加並儲備肌肉。因此，適當的蛋白質量是體重每1公斤要有1.3～1.5克。例如體重50公斤，就需要65～75克的蛋白質。如下圖所示，一天的蛋白質攝取量越多，增加的肌肉量也越多。但也並非無限量地增加，到了一定的量就會趨於穩定。圖表中的藍色曲線，即顯示最有效增加肌肉的蛋白質攝取量（即體重每公斤攝取1.3～1.5克蛋白質）。

【總蛋白質攝取量與肌肉量變化之關係】

＊實線為平均值、虛線為95%信賴區間

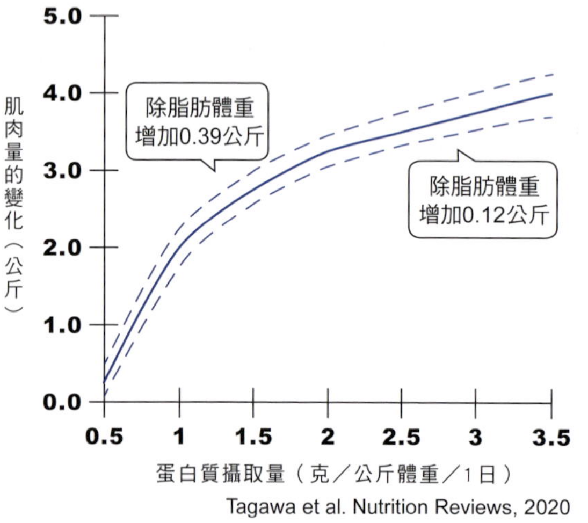

Tagawa et al. Nutrition Reviews, 2020

例：體重50公斤的人，若每天增加10克的蛋白質攝取量，2～3個月內肌肉量大約會增加800克。

該攝取多少蛋白質才夠呢？

關於蛋白質在總熱量中的分配比例，根據日本厚生勞動省「飲食攝取基準2020年版」的建議，50～64歲的人，蛋白質應佔熱量的14～20%，65歲以上則是佔15～20%。老年人和年輕人相比，蛋白質攝取量的最低目標值較高，是因為年紀越大，引起肌少症、衰弱的風險也跟著提高。

不同年齡層 蛋白質在總熱量的佔比

18～49歲	**13～20%**
50～64歲	**14～20%**
65歲～	**15～20%**

資料來源：「日本人的飲食攝取基準」策定檢討會報告

＊為預防衰弱及肌少症，將50歲以上的最低目標值從原本的13%往上調高。

考量體重、年齡、運動量 設定蛋白質攝取目標量

如前述，蛋白質的攝取目標量是從總熱量求得，但一般來說，要從攝取的熱量中去計算蛋白質量不是那麼容易，因此，可以用「體重每1公斤最少有1.3～1.5克的蛋白質量」作為基準。確實從飲食中攝取優質蛋白質，並做深蹲等肌力訓練就有其效果。若想增加更多肌肉，建議將蛋白質的攝取目標量訂在1.5克，並增加肌力訓練。

依不同目的增加蛋白質攝取量

想增加 **肌肉**	**1.5克/公斤**
想增加 **肌力**	**1.3克/公斤**

體重 □ 公斤 × 1.5克 or 1.3克 ＝ 蛋白質攝取量 □ 克

填入自己的體重，求出一日所需的蛋白質攝取量。

第二章將介紹各種食譜組合以攝取適當的蛋白質（參見P.56）。

優質食材

從平常的飲食中，增加富含蛋白質的食物吧！
現在就來看看含有5～10克蛋白質基礎量的食品有哪些。

資料來源：由日本食品標準成分表2020年版（第八版）計算出

熟章魚 40克
蛋白質 **6.2**克

銀鮭 50克
蛋白質 **8.4**克

鰹魚（秋季）
40克
蛋白質 **8.2**克

蛋 50克（1顆）
蛋白質 **5.7**克

豬里肌肉
50克（2片）
蛋白質 **8.6**克

雞胸肉（已去皮）
40克
蛋白質 **7.7**克

板豆腐 100克
蛋白質 **6.7**克

牛奶 200毫升
蛋白質 **6.3**克

起司塊
30克
蛋白質 **6.5**克

原味優格
200毫升
蛋白質 **6.9**克

豆皮 30克
蛋白質 **6.4**克

含有5～10克高蛋白質的

黃豆粉 20克
蛋白質**6.9**克

油豆腐 100克（1/2塊）
蛋白質**10.3**克

納豆 50克
蛋白質**7.3**克

油炸豆皮 30克
（1塊）
蛋白質**6.9**克

凍豆腐
20克（1塊）
蛋白質**9.9**克

黃豆（水煮）60克
蛋白質**8.5**克

燕麥片 50克
蛋白質**6.1**克

豆漿 200毫升
蛋白質**6.8**克

蕎麥麵（乾燥）
80克
蛋白質**9.4**克

糙米 100克
蛋白質**6.0**克

義大利麵
（乾燥）80克
蛋白質**9.6**克

如果蛋白質攝取過多，又會如何呢？

提高腎臟病、尿路結石的風險

構成身體主要成分的蛋白質，是不可欠缺的營養素。對於預防肌少症、衰弱，延長健康壽命也很重要。但攝取過多也並非好事。因為，再怎麼有益身體，吃過多反而有害健康。

那麼，要是蛋白質攝取過多會有什麼樣的影響呢？首先，消化蛋白質需要肝臟和腎臟的幫助。當攝取超過所需，便會對這些臟器造成多餘的負擔。假如長期持續下去的話，也有可能引發慢性腎臟病。此外，排出多餘蛋白質時所產生的老舊廢物，也可能造成尿道結石。

攝取過多，也會造成肥胖和慢性病

除此之外，因攝取過多使得多餘的蛋白質殘留在腸內，便成了害菌的食物，擾亂腸道環境。此外，雖然不是蛋白質直接影響的，但假如含有豐富蛋白質的食物中也含有許多脂肪，就等同攝取過多脂肪，也會導致肥胖和慢性病。尤其是肉類，因含有飽和脂肪酸，需注意勿攝取過多。如同之前說明（參見P.15），蛋白質的攝取目標量訂為熱量的15～20％，這數值也合乎人體構造。蛋白質佔人類身體的比例是18％，因此，約攝取18％的蛋白質剛剛好。

過度缺乏又會如何呢？

蛋白質不足會提高肌少症、衰弱的風險，但不僅是年長者會受到影響。首先，肌肉減少除了降低基礎代謝、容易肥胖之外，血液循環變差，也容易引起腰痛、肩膀痠痛等問題。再者，除了肌肉，蛋白質也是指甲、頭髮、細胞、荷爾蒙等身體各部位的材料，若不足，便無法順利造血、分泌荷爾蒙，導致貧血、精神不濟和身體的機能出現障礙。因為免疫細胞也是由蛋白質製造，所以免疫力也會下降。此外，也可能導致女性月經失調，對於肌膚粗糙、頭髮乾燥等美容方面也有一定的影響。

均衡攝取植物性&動物性蛋白質

從各種天然食物中攝取蛋白質最為理想

說到蛋白質，大家第一個想到的就是「肉」。但實際上可從各種食物中獲得，食物蛋白質可分為兩大類，一是「動物性蛋白質」，例如，肉、魚、牛奶、乳製品、蛋等，它們含有豐富的蛋白質，並且具有均衡的必需胺基酸，是增加肌肉量的重要元素。其次是「植物性蛋白質」，例如，黃豆和黃豆製品、毛豆等。

蕎麥、米等穀類也含有植物性蛋白質，選擇時，以非精製的食材尤佳，例如蕎麥麵中的生蕎麥、米類中的糙米，其蛋白質的含量較高。

但無論是哪一種蛋白質，攝取過多或不及都不好，均衡攝取才是最重要的。因為在不同食物中，構成蛋白質的胺基酸和營養素不盡相同。蛋白質依種類不同也各有其優缺點。

有意識地攝取含有豐富白胺酸的食材

動物性蛋白質最大優點就是含有豐富的BCAA——人體所需的9種必需胺基酸中的支鏈胺基酸，指的是白胺酸、纈胺酸、異白胺酸，都是有益於製造肌肉的胺基酸。若想增加肌肉量，就請認真攝取含有這些豐富胺基酸的動物性蛋白質吧！

不過，亦有研究報告指出，要是偏食於動物性蛋白質，也會提高罹患大腸癌等風險。而且只吃肉的話，不僅脂肪容易變高，更可能造成肥胖。另一方面，即使是相同的脂肪，魚類的油脂因具有清血功能，比起紅肉，是更好的動物性蛋白質！植物性蛋白質的均衡胺基酸雖然沒有動物性來的優，但其優點是熱量低，也能同時攝取到膳食纖維。

加倍提升肌肉量的五大營養素

製造肌肉除了蛋白質之外，也需要維生素、礦物質

蛋白質在製造肌肉上扮演著重要的角色，但若只是單純地大量攝取蛋白質，其實無法獲得預期的效果。這是因為蛋白質進入到體內轉換成肌肉的過程中，需要維生素、礦物質等各種營養素的協助。幫助蛋白質分解與合成的維生素中，包含維生素B_6與B_2等。此外，維生素D若能和鈣一起攝取，將有助強化骨骼，同時促進肌肉合成。鈣還具備在血液中傳達神經、調節肌肉收縮的作用。然而，在留意攝取足夠蛋白質時，容易導致膳食纖維不足。膳食纖維是腸道益生菌的食物，能調整腸內環境，而且與免疫力等全身健康有關，因此請確保攝取了足夠的膳食纖維。

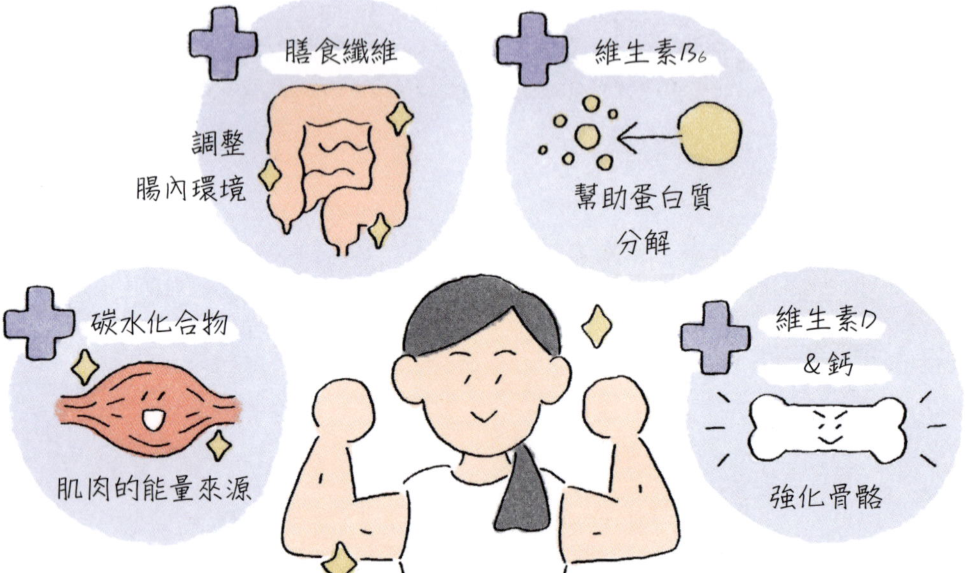

維生素D

魚貝類含有肌肉合成所需的豐富維生素

維生素D除了促進蛋白質合成，更能提高肌肉收縮的速度、幫助鈣質吸收、維持骨頭健康。也有研究報告指出，高齡者因攝取維生素D而增強的肌力效果要比年輕人高。含有豐富維生素D的食材就屬魚貝類了；其中，鮭魚、沙丁魚、魩仔魚乾的含量最多。其他如蛋、乾香菇、木耳等也是很好的選擇。雖然維生素D可經由太陽照射到皮膚生成，但年長者皮膚的維生素D生成功能低，建議要多從飲食中攝取。

含量豐富的食材

所有魚貝類／木耳／乾香菇／蛋等

膳食纖維

調整腸內環境，抑制血糖上升

膳食纖維是益生菌的食物，能增加糞便體積、刺激腸道、促進排便暢通、調整腸內環境。腸內環境與免疫、腦功能有著密切關係，為維持身心健康，膳食纖維的功能極為重要。此外，從飲食攝取的膳食纖維，亦能抑制腸道對醣、脂肪中的吸收、緩和血糖值上升。因此不要只專注在攝取蛋白質卻忽略了膳食纖維，請積極地攝取這重要營養素。

含量豐富的食材

牛蒡等根莖類／酪梨／羊棲菜、海帶芽等海藻類／綠花椰菜／毛豆等

鈣

含量豐富的食材

優格／起司／牛奶／
小魚乾／海藻／納豆等

除了強化牙齒和骨骼，還能使肌肉動作順暢

鈣除了是構成骨骼的重要成分之外，在血液中還肩負神經傳達、肌肉收縮的礦物質，是非常重要的營養素，但現代人卻普遍有鈣質攝取不足的情況。尤其是年長者，由於骨質疏鬆症的風險高，需從日常飲食中加強攝取。鈣的攝取基準是30～74歲男性需要750毫克，75歲以上男性700毫克，18～74歲女性650毫克，75歲以上女性600毫克。小魚乾、大豆製品、牛奶、乳製品等都含有豐富的鈣，同時搭配攝取維生素D的話，吸收效果會更好。

碳水化合物（醣類）

復原肌肉疲勞，是增加肌肉量所需的物質

雖然攝取過多碳水化合物（醣類）可能會引起肥胖和糖尿病，但它卻是三大營養素之一，不可或缺，在增加肌肉量上佔有重要地位。為了增加肌肉而做肌力訓練或是進行慢跑等高強度的運動時，更別忘了在運動前、後要攝取適量的碳水化合物。醣類在運動時可以被作為能量而使用，運動後則是被作為肝醣積蓄起來以恢復疲勞。碳水化合物若不足，體內的蛋白質就會被分解而拿來使用，肌肉便因此減少。因運動而受傷的肌肉也不容易修復，使得訓練效果不彰。

含量豐富的食材

糙米飯等穀類／地瓜／優格等

維生素B群

幫助碳水化合物、脂肪、蛋白質代謝的營養素

碳水化合物、脂肪、蛋白質被稱作三大營養素，也是製造身體的材料。為使攝取的三大營養素為體內所使用，就必須將這些營養素分解然後吸收。負責這工作的是在豬肉、肝臟、鰻魚、鰹魚、鮪魚等中含量豐富的維生素B群。一旦缺乏維生素B群，碳水化合物、脂肪、蛋白質的代謝就會變差，人容易疲勞，也容易發胖。其中，協同蛋白質製造肌肉，最重要的是維生素B群中的B_6、B_2等。

含量豐富的食材

豬肉／肝臟／鰻魚／鮪魚等

有意識地攝取Omega-3脂肪酸、中鏈脂肪酸等

攝取蛋白質特別要注意的是容易有脂肪過多的情況。尤其是肉類，因為通常含有較多的脂肪，且多數用油烹調，以致容易偏向於攝取「品質不好的油」。最好換成富含Omega-3脂肪酸的食物，如青魚、胡麻油和亞麻仁油，或富含中鏈脂肪酸的椰子油和乳製品等，以增加「好油」的攝取。尤其是青魚富含DHA、EPA，要多攝取。此外，因Omega-3脂肪酸不耐熱，油類的話建議當沙拉醬用，魚類的話，建議以生魚片的形式食用。

優質好油

含量豐富的食材

魚油／牛奶／亞麻仁油／椰子油等

蛋白質和腸內環境的關係

和膳食纖維一起攝取有助增加益生菌

想要增加肌肉時，往往容易專注於只攝取蛋白質，但絕對不可忘了膳食纖維的重要性。膳食纖維之所以重要，是因為它有助於維持良好的腸道環境，能夠預防便秘以保持腸內乾淨。膳食纖維在腸道中膨脹後會增加糞便體積，除了促使排便順暢，也有刺激腸道促進蠕動的作用。

膳食纖維同時也是腸內細菌的食物。人體腸道內約有種類超過千種、數目高達百兆的細菌，大致分為益生菌、壞菌、中性菌（伺機菌）三種，當它們維持平衡時，便能守護腸道健康。而有助於增加益生菌的就是膳食纖維。若膳食纖維不足，壞菌處於優勢，不僅會引起便秘、腹瀉，也會造成肌膚粗糙、過敏等不適。

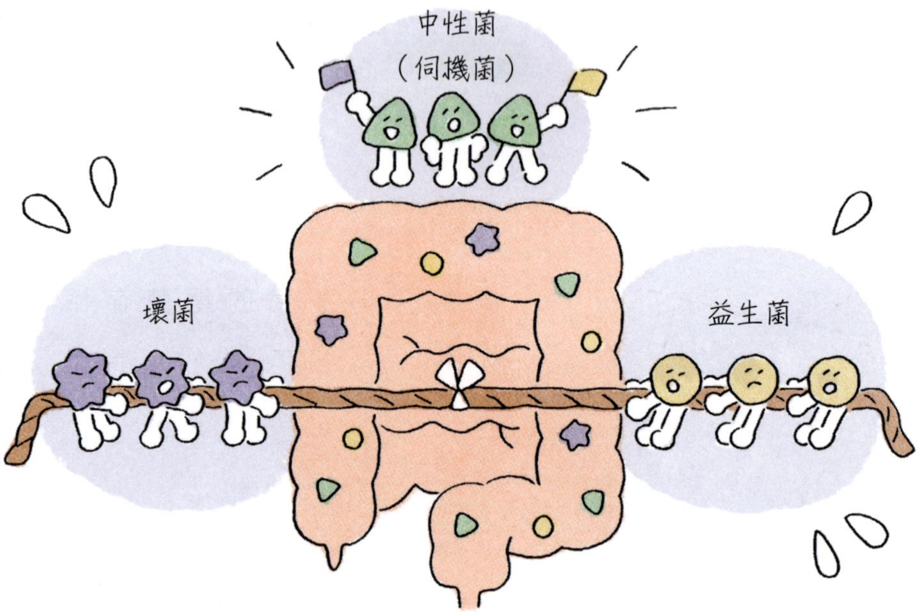

memo 攝取Omega-3脂肪酸多的青魚會改變腸內環境

青魚類的脂肪含有動物性EPA（二十碳五烯酸）和DHA（二十二碳六烯酸）。這些都是Omega-3脂肪酸，具有抗發炎作用，能抑制腸內發炎、調整腸道環境，以製造容易增加益生菌的環境。此外，也能使腸道蠕動順暢，對預防便秘的效果也很好。除了青魚，鮭魚、鮪魚等的含量也很豐富，請多加攝取！

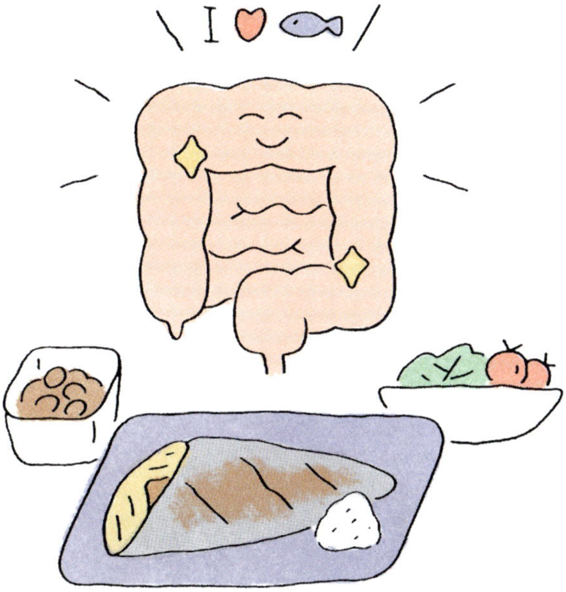

蛋白質能改變腸道菌群的組成並增加細菌數量

近年來，我們更清楚了解到，腸內細菌在維持身心健康方面扮演著多重角色，包括：分解營養素並轉換成有益身體的物質、活化免疫細胞以及影響腦部等等。可以說掌握我們身體健康之鑰的或許就是腸內環境，而在之中擔當重任的就是膳食纖維。

一如前述，膳食纖維是益生菌的食物，能夠增加益生菌，不過同樣地，也存在喜歡蛋白質的腸道細菌。因此，若飲食上只偏重吃肉，而缺乏膳食纖維的話，就可能導致腸內細菌之間的平衡出現變化。並非偏好蛋白質的腸道細菌就等於壞菌，真正問題在於「腸道菌失衡」。蛋白質和膳食纖維一樣重要，請均衡地同時攝取吧！

不同部位的肉，蛋白質比例大不同

小里肌肉的脂肪含量少，
能確實攝取到蛋白質！

脂肪多的部位，蛋白質含量較低

動物性蛋白質是優質蛋白質的來源，是預防肌少症和衰弱需積極攝取的食材。肉類主要是雞肉、豬肉、牛肉，魚類則大致可分鮪魚、鰹魚等代表性的紅肉魚，以及鯛魚、比目魚、鱈魚等白肉魚。因此，請在每天的飲食中活用魚、肉來攝取蛋白質吧！但須事先了解的是，魚、肉根據種類及部位，蛋白質含量其實不同。

從左表可以得知，肉類會因部位不同，其蛋白質含量有著明顯的差異。例如，牛和豬的五花肉，因脂肪多，蛋白質含量就少，熱量也高。

想有效率地攝取蛋白質或是在進行減重的飲食控制時，請選擇蛋白質豐富、脂肪低的瘦肉，如里肌肉、腿肉等部位。此外，雞肉所有部位的脂肪都低且蛋白質含量豐富，非常推薦，但帶皮和沒帶皮又有所不同，帶皮的脂肪多、蛋白質較少。所以，想有效率地攝取蛋白

五花肉的脂肪多，
所以蛋白質較少？

質，務必去皮之後再料理。「雞胸肉沙拉」是非常適合瘦身的健康料理，選擇沒帶皮的為佳。

魚也是一樣，例如鮪魚的赤身和中腹肉的蛋白質含量就不同。即使是有意識地攝取蛋白質，但若因為美味就吃進了脂肪多的部位，也有可能影響蛋白質的攝取量，吃的時候請多注意。

此外，肉、魚的種類不同，所含的營養素也各不相同，不偏食並從各種食材攝取蛋白質，較能達到營養均衡。假如為了健康就每天吃著相同食材和相同味道，也是會吃膩的。因此能否吃得開心、愉快，與食物的消化和吸收也息息相關。切勿變得乏善可陳，擬一份色香味俱全的菜單吧！

牛肉各部位的脂肪＆蛋白質量（以100克為基準）

部位名（皆有脂肪）	脂肪（克）	蛋白質（克）
牛菲力	13.8克	16.6克
牛腿肉	16.8克	16.2克
牛肩里肌	35.0克	11.8克
牛沙朗	44.4克	10.2克
牛五花	45.6克	9.6克

豬肉各部位的脂肪＆蛋白質量（以100克為基準）

部位名（皆有脂肪）	脂肪（克）	蛋白質（克）
豬小里肌	3.3克	18.5克
豬大里肌	18.5克	17.2克
豬腿肉	9.5克	16.9克
豬梅花肉	18.4克	14.7克
豬五花肉	34.9克	12.8克

雞肉各部位的脂肪＆蛋白質量（以100克為基準）

部位名（皆有脂肪）	脂肪（克）	蛋白質（克）
雞柳	0.5克	19.7克
雞胸（去皮）	1.6克	19.2克
雞胸（帶皮）	5.5克	17.3克
雞腿（帶皮）	13.5克	17.0克
雞翅（帶皮）	13.7克	16.5克
雞腿（去皮）	4.3克	16.3克

資料來源：日本食品標準成分表2020年版（第八版）／含推測值

蛋白質該從哪裡攝取比較好？

從飲食中確實攝取魚、肉，身心也大滿足！

從飲食中攝取蛋白質較能維持肌肉量

要維持健康的肌肉量，首推蛋白質，其攝取量為熱量的18%~20%。在此以一天、體重每1公斤、希望攝取1.3~1.5克來說明。有的人或許認為，想快速增加肌肉，只要攝取這個量的蛋白粉就行了。事實上，進行高強度運動的人會比較常使用蛋白粉。若是為預防肌少症、衰弱而想要有適量肌肉的話，並不建議使用蛋白粉。這是因為，分解攝取進去的蛋白質再製造轉換成肌肉等過程中，需要維生素D、維生素B群、鈣等各種營養素的幫助。蛋白質粉的成分只有蛋白質，不含其它營養素。所

飲食還是喝蛋白粉？

以即便大量喝蛋白粉，效率也不好。那麼，是不是另外再加上維生素D、B群等營養補充品就好呢？也不是。實際上這些營養素都能從均衡的飲食中攝取。因為肉、魚、蔬菜等本身就含有蛋白質製造身體肌肉時所需的維生素、礦物質。

再說，要有健康肌肉的重點在於多樣性的飲食。善用肉、魚、牛奶、乳製品、黃豆、黃豆製品、蛋、穀類等含有蛋白質的各種天然食材，進而從中攝取蛋白質的建議攝取量。看起來似乎不簡單，但相反的，能藉由吃進各種食材，一點一點地攝取必要營養素。此外，在飲食中同時加入含有豐富膳食纖維的蔬菜，不僅能獲得均衡的營養，也同時獲得健康的身體。

想要變瘦，高蛋白・低脂肪是最基本條件

均衡PEC的目標為20%：20%：60%

想要「瘦身」，腦中浮現的就是控制熱量。一天攝取的熱量超過消耗量時，多餘的熱量就會轉換成脂肪囤積起來。所以，想要瘦，就要攝取低熱量飲食的道理就在這裡。但也不是一股勁地減少熱量就好。為維持健康，必須均衡地攝取PEC＝蛋白質（P）、脂質（E）、碳水化合物（C）。極端的偏重某一種營養，雖然一時瘦了下來，但也會很快地復胖，而且對肌膚粗糙、便秘、免疫力下降等方面都有影響。根據日本厚生勞働省的飲食攝取基準2020年版，要預防慢性病，建議採取如下表所示的PEC平衡飲食法。想要增肌減脂，PEC就以20%：20%：60%為目標。

【產生的熱量三大營養素比例】

（%熱量）

年齡	男性			女性		
	目標量			目標量		
	蛋白質	脂質	碳水化合物	蛋白質	脂質	碳水化合物
18~29歲	13~20	20~30	50~65	13~20	20~30	50~65
30~49歲	13~20	20~30	50~65	13~20	20~30	50~65
50~64歲	14~20	20~30	50~65	14~20	20~30	50~65
65~74歲	15~20	20~30	50~65	15~20	20~30	50~65
75歲以上	15~20	20~30	50~65	15~20	20~30	50~65

資料來源：日本厚生勞働省「飲食攝取基準（2020年版）」

實現蛋白質20%：脂質20%：碳水化合物60%的方法

把握一日所需的熱量

❶ 計算標準體重（BMI指數）

根據日本肥胖學會訂定的基準，18.5以上未達25為「普通」，
但這裡以標準值22為目標計算。

標準體重＝（身高）☐公尺×（身高）☐公尺×（BMI指數）**22**

> 什麼是BMI指數？
> Boyd Mass Index的縮寫，從體重和身高計算出表示肥胖度的國際性指標

❷ 計算基礎代謝率

基礎代謝率是指即使沒有運動，人體維持基本所需消耗的一日熱量。以❶求出的標準體重來計算基礎代謝率。

基礎代謝率（卡/日）＝（標準體重）☐公斤×（基礎代謝基準值）☐卡/公斤（體重／日）

【基礎代謝基準值（卡/公斤 體重/日）】

年齡	男性	女性
18~29歲	23.7	22.1
30~49歲	22.5	21.9
50~64歲	21.8	20.7
65~74歲	21.6	20.7
75歲以上	21.5	20.7

資料來源：厚生勞働省「飲食攝取基準（2020年版）」

❸ 計算推定熱量必要量

所謂推定熱量必要量是指，符合一日活動所需的必要熱量。
工作會因是體力勞動還是坐辦公室而異。

推定熱量必要量（卡/日）＝基礎代謝率（卡/日）×身體活動級數

【身體活動級數】

低（I）	1.5	生活中大部分時間都是坐著的靜態活動
一般（II）	1.75	雖以坐著的工作為主，但也包含職場內的移動或是站著的作業，以及通勤、購物的步行、家事、輕運動等
高（III）	2	從事需較多的移動或是站著的工作，或是閒暇時有做高強度運動的習慣

身高160公分的50歲女性，身體活動級數一般，要實現蛋白質20%：脂質20%：碳水化合物60%時

標準體重
1.6×1.6×22=56.3公斤

基礎代謝率
56.3×20.7=1165卡

推定熱量必要量
1165×1.75 =2039卡

➡

蛋白質 2039卡×20%=408卡
因1克蛋白質=4卡，408卡÷4=102克
所此，一日應攝取的蛋白質是**102克**

脂肪 2039卡×20%=408卡
因1克脂肪=9卡，408÷9=45.3克
所此，一日應攝取的脂肪是**45.3克**

碳水化合物 2039卡×60%=1223卡
因1克碳水化合物=4卡，1223÷4=306克
所此，一日應攝取的碳水化合物是**306克**

➡

以1日3餐來計算……

蛋白質 **34克**
脂肪 **15.1克**
碳水化合物 **102克**

> 1餐的最佳均衡量！

有意識地攝取蛋白質，就能獲得健康效果

只要確實攝取蛋白質，令人期待的健康、美容效果非常多。
先來理解能獲得哪些效果，並從每日的飲食中攝取吧！

構成身體細胞的主要成分 有助形成肌肉骨骼與荷爾蒙

我們身體中有60％是水。剩下的40％中蛋白質就佔了一半。它不僅是構成身體物質的主要成分，同時也是讓身體活動及調節各種功能的血液、荷爾蒙、酵素等的成分。在這裡我們應該進一步了解的是，構成身體的蛋白質每天都會「再製」。當構成肌肉等的細胞老舊時，就會被分解，並成為老舊廢物排出體外，接著再藉由飲食攝取新的蛋白質以製造新細胞。

因此，為避免缺乏蛋白質，我們必須持續地從一日三餐來補足。攝取的蛋白質足夠了，除了肌肉，骨頭也會變得強健，腿腰更有力。此外，在體內負責運作各種機能的細胞能夠正常運作，也能促進整體健康，於是身體不易疲憊，並增強了免疫力。因確實製造出荷爾蒙，自律神經獲得調節，便有好入眠、集中力提升等精神層面的好處，一舉數得。

健康效果①

維持肌肉量，預防衰弱

餐餐皆攝取蛋白質，肌肉量不減、延長健康壽命！

一旦有意識地攝取蛋白質，便能預防肌肉量衰退。肌肉量增加可以促進血液循環，改善手腳冰冷、肩膀痠痛、腰痛等，同時也會提高基礎代謝率，有助瘦身效果。再者，身體預先儲存了肌肉量，等到年長時便能抑制肌肉減少，預防衰弱或是肌少症。健康有活力，也能延長健康壽命。

而除了攝取足夠的量，最重要的是攝取蛋白質的時機。餐與餐之間的時間拉得越長，蛋白質越不足，那麼肌肉就會被分解。換句話說，就算一次攝取了一天的必要量，效果也只有一半。請一日分三餐來攝取！尤其是晚餐過後，因有10小時以上沒有攝取蛋白質，建議在早餐多補足一些。

每餐攝取蛋白質的重點！

早

推薦蛋、納豆和豆腐

早上要確實攝取蛋白質。活用能快速準備好的食材吧！推薦容易消化的蛋、納豆和豆腐，對剛起床的腸胃較無負擔。

午

選肉類、麵類

若要在午餐攝取蛋白質，可以不必那麼在意熱量。請積極地攝取含有豐富胺基酸的肉類。另外也推薦義大利麵等含有蛋白質的碳水化合物。

晚

以魚貝類和豆腐來控制脂肪

想控制熱量的晚餐，就以含有DHA和EPA優良脂肪的魚貝類或豆腐等植物性蛋白質為主。肉類的話，請選擇脂肪少的部位。

健康效果②

荷爾蒙更均衡

女性適當攝取蛋白質與膽固醇 有助荷爾蒙維持平衡

荷爾蒙分泌自體內各個器官，負責調節身體功能。因蛋白質也是荷爾蒙的原料，當蛋白質攝取足夠時，荷爾蒙才能順利運作，調整到良好的健康狀況。尤其是女性特別容易受到荷爾蒙功能的影響。這是因為雌激素和黃體素，會使每月的月經以及身體狀況產生變化。

荷爾蒙一旦失調，不僅有經前症候群、生理不順等問題，因自律神經受到影響，也會有頭痛、心悸、潮熱等不適。甚至會因為更年期荷爾蒙失調的狀況變得更嚴重。補充女性荷爾蒙的原料蛋白質，同時也適當攝取膽固醇，可以減少荷爾蒙變化產生的影響。

均衡攝取植物性和動物性蛋白質

黃豆・黃豆製品

黃豆、豆腐、油豆腐、豆皮等黃豆製品中，含有豐富的「大豆異黃酮」，它與女性荷爾蒙之一的雌激素有著相似的功能。積極地補充低熱量的植物性蛋白質吧！

肉・魚・乳製品・蛋

肉、魚、乳製品、蛋等動物性蛋白質含有豐富的膽固醇，是製造女性荷爾蒙的來源之一。雖然熱量高，但完全不攝取的話，就無法製造荷爾蒙。請適當地補充吧！

健康效果③

強化精神&提升睡眠品質

含有色胺酸的蛋白質能增加血清素和褪黑激素

作為神經傳達物質並在腦內運作的多巴胺、血清素等荷爾蒙，也是由蛋白質製造。多巴胺是能帶來幸福感及慾望的荷爾蒙。此外，亦有幸福荷爾蒙之稱的血清素，除了能安定精神、抑制不安之外，也是睡眠荷爾蒙「褪黑激素」的原料，肩負著引導睡眠的任務。只要確實攝取蛋白質，便能更容易製造這些荷爾蒙，進而達到增強抗壓力、變得好睡等效果。這裡要注意的是，無法在體內製造的必需胺基酸之一的「色胺酸」，可從含有色胺酸的黃豆製品、牛奶、乳製品、堅果等食物中攝取。它是血清素的原料，具有安定神經、改善睡眠品質等功能。請和碳水化合物、維生素B_6一起攝取！

增加血清素和褪黑激素的蛋白質

色胺酸

黃豆製品、乳製品、堅果中富含的色胺酸為必需胺基酸之一，是血清素的原料。與睡眠有關的褪黑激素也是由血清素製造，因此攝取足夠的色胺酸能改善睡眠品質。

＋

維生素B_6

雖然色胺酸會妨礙大腦攝取動物性蛋白質中的BCAA，但若能和碳水化合物、鮪魚、雞柳、雞肝等含有豐富維生素B_6的食材一起攝取的話，便能降低其妨礙作用。

健康效果④

強化骨骼、預防骨質疏鬆

攝取蛋白質的同時，搭配有助於骨骼的營養素

增加臥床風險的骨質疏鬆症，是一種因為骨頭主要成分的鈣，隨著年紀增加而流失，造成骨骼出現孔隙的疾病。尤其停經的女性因荷爾蒙減少，更容易引起骨質疏鬆。預防骨質疏鬆，除了補鈣之外，更要確實攝取打造強健骨頭的蛋白質、維生素D和K、B群等營養素。

特別是蛋白質，因它存在於形成骨骼組織的膠原蛋白、軟骨、韌帶、肌腱原當中，能夠打造出有彈性、不易斷裂的骨骼。此外，包覆在骨頭四周、減輕骨頭負擔的肌肉也是由蛋白質製造，是不可或缺的重要物質。也就是說，和肌少症、衰弱一樣，積極攝取蛋白質對於預防骨質疏鬆極為重量。

打造健康骨骼的蛋白質＋營養素

蛋白質

骨頭、關節、肌肉原料來源的膠原蛋白，能維持骨骼、關節的靈活度，亦對骨骼的成長扮演著重要的角色。此外，也有助於製造支撐骨頭的肌肉。

鈣

骨頭的主要成分，現代人普遍有攝取不足的傾向。鈣也存在於血液中，更與神經功能、肌肉收縮有關。它能將非必要成分排出，須時常攝取。

維生素D

幫助骨頭吸收鈣質，提高製造骨頭細胞的功能等，是形成骨骼不可少的營養素。近期得知，它與肌肉的合成也有關聯。

維生素K

維生素K能促進骨質的鈣化，並抑制鈣排到尿液中，從而防止骨頭被破壞。此外，也有助於膠原蛋白的生成、使骨骼更靈活。

維生素B群

作為輔酶來分解、吸收從飲食攝取的蛋白質。尤其是維生素B_6、B_{12}、葉酸，與「骨重塑」也有關聯，是製造堅強骨頭的必需營養素。

健康效果⑤

排便更順暢

發酵食品中的蛋白質和膳食纖維一起攝取更有效果

一般而言，偏重於肉類等動物性蛋白質的飲食會比較容易便秘，這是因為缺乏調整腸內環境的膳食纖維。若能均衡地從各種食材攝取蛋白質，腸道功能有了良好的改善，排便也就更順暢。建議惱於便秘的人應多攝取能夠調整腸內環境的蛋白質，例如：納豆、優酪乳等發酵食品，它們有益於腸內好菌的運作，可以改善腸內細菌的均衡。

此外，植物性蛋白質也有很豐富的膳食纖維，善用豆類和黃豆製品，不僅能確實攝取到蛋白質，排便也順暢。天然食材中皆含有蛋白質，切勿「只吃肉」或「只吃魚」，飲食的種類多元，自然地就有足夠的攝取量。

使腸道環境更好的蛋白質

納豆

納豆含有納豆菌和膳食纖維，能增加腸內好菌。此外，膳食纖維因具有增加便量、促進腸子蠕動的功能，有助於排便。

優酪乳

含有乳酸菌和比菲德菌等好菌，能抑制腸內壞菌的增殖、改善腸內環境。適合當作點心及運動前、後的蛋白質補充。

豆腐

膳食纖維之一的寡糖，是腸內細菌的食物，能調整腸內環境。製作豆腐產生的豆渣也含有豐富的膳食纖維，同時食用效果更佳。

三餐增加蛋白質的簡單方法

你有從每天的飲食中攝取足夠的蛋白質嗎？這裡介紹許多在三餐中，簡單增加蛋白質的點子。

早餐case ①

起床的第一餐，確實攝取蛋和乳製品

因為想睡到最後一秒鐘，所以早餐就隨便吃！是不是有很多人起床後沒時間做早餐，就固定吃吐司配咖啡呢？這組合只有醣質和脂質，幾乎沒有蛋白質。要不要改成在吐司上面加番茄醬、培根、青椒、起司再放入烤箱烤呢？吐司披薩搭配咖啡牛奶，再加上一顆水煮蛋，便能大幅增加蛋白質。前一天就先把水煮蛋煮好放在冷藏，備餐就會變得很簡單方便。

忙碌早晨的固定組合！

吐司

（吐司60克+奶油10克）

黑咖啡

（200毫升）

5.2克 蛋白質

再加起司&牛奶&蛋！

蛋白質多了13.4克！

吐司起司披薩

（吐司60克+培根20克+起司20克+少許青椒+1大匙番茄醬）

水煮蛋

（蛋50克）

咖啡牛奶

（牛奶50毫升+黑咖啡150毫升）

18.6克 蛋白質

香鬆拌飯

（白飯150克+少許香鬆）

海帶芽味噌湯

（味噌10克+高湯150毫升+
乾燥海帶芽3克+蔥適量）

綠茶

（200毫升）

這樣吃
就很飽！

5.3克 蛋白質

增加納豆、魩仔魚、蛋、豆腐！飲料替換成優酪乳

納豆魩仔魚飯

（白飯150克+納豆1盒+
魩仔魚10克）

韭菜豆腐蛋花味噌湯

（韭菜10克+板豆腐40克+
蛋液25克+味噌10克+
高湯150毫升）

優酪乳

（200毫升）

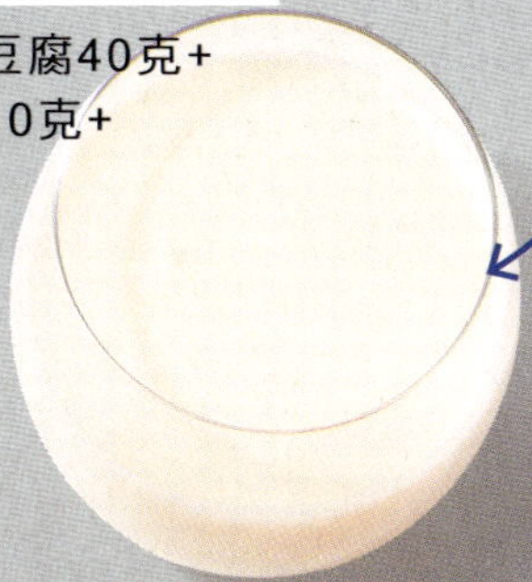

蛋白質多了
19.2克！

放在白飯上或加入湯中，真簡單！

如果你是早餐吃飯派，只要在白飯撒上香鬆並，加熱前晚剩下的味噌湯，就足以應付一餐了。或許你會覺得這樣比不吃來得好一點，但以碳水化合物為主，卻不見蛋白質的蹤影，縱使能吃飽營養也不夠。其實，只要在白飯放上納豆和魩仔魚，蛋白質和營養價值都會提升！味噌湯裡加豆腐和蛋，然後再喝一杯優酪乳，也能提高蛋白質的攝取量。

24.5克 蛋白質

雞蛋三明治是最佳的選擇

應該曾有過早上睡過頭，慌慌張張地出門，早餐就在超商解決的情況吧！為了讓混沌的腦袋清醒過來，買了有很多砂糖的紅豆麵包，想著至少補充一點維生素，所以又拿了一罐蔬菜汁。不過，這樣的早餐是沒有蛋白質的，因為紅豆麵包、蔬菜汁幾乎都是碳水化合物。但是，只要將這些替換成火腿起司蛋三明治、牛奶，便能大幅增加蛋白質。

只要了解選擇方法，攝取蛋白質其實很容易。

超商就能買到！

6.8克
蛋白質

甜麵包
（紅豆麵包100克）
蔬菜汁
（200毫升）

替換成三明治＆牛奶！

蛋白質多了15.8克！

火腿起司蛋三明治
（吐司40克+火腿20克+起司20克+蛋50克+1大匙美乃滋）
牛奶
（200毫升）

22.6克
蛋白質

在公司馬上就能吃，很方便！

5.5克
蛋白質

醃梅乾御飯糰
（白飯100克+半片海苔+梅乾肉10克）

滑菇味噌杯湯
（1杯87克+熱水150毫升）

食材替換成鮭魚、豚汁，再加涼拌豆腐！

蛋白質多了9.3克！

鮭魚御飯糰
（白飯100克+少許海苔+鮭魚10克）

豬肉味噌杯湯
（1杯88克+熱水150毫升）

涼拌豆腐
（嫩豆腐100克+柴魚片0.5克+薑3克）

14.8克
蛋白質

用御飯糰+味噌杯湯，打造滿滿蛋白質

沒有在家吃早餐的習慣，而是去超商買御飯糰和味噌杯湯帶到公司吃嗎？那麼，重點在於御飯糰和味噌湯的配料。梅乾御飯糰因為酸，腦袋很快就清醒了，滑菇味噌湯健康且有益腸道，但幾乎沒有蛋白質。請把御飯糰替換成鮭魚口味、味噌湯替換成豬肉味噌湯，如此一來，除了蛋白質，營養價值也大幅提升！若能再加一道涼拌豆腐，更能確實地攝取到蛋白質。

義大利麵盡量選擇有加肉的

在家自己做午餐時，不少人會做義大利麵。菜色通常是橄欖油香蒜義大利麵、綠色蔬菜沙拉和蔬菜湯。乍看是相當均衡的組合，但是蛋白質嚴重不足。把原本只是用蒜頭清炒的義大利麵替換成用絞肉做的肉醬義大利麵，沙拉另外再加鮪魚，湯也替換成濃湯，就會變成能攝取到豐富蛋白質的菜色了。午餐外食也要盡量選擇有蛋白質配料的料理。

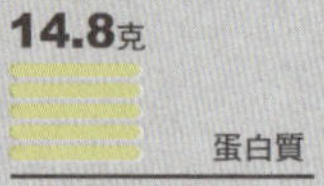

常見的午餐例子！

橄欖油香蒜義大利麵

（義大利麵250克+蒜頭2.5克）

綠色蔬菜沙拉

（綜合萵苣50克+沙拉醬10克）

蔬菜湯

（洋蔥10克+胡蘿蔔10克+法式清湯150毫升）

再加上絞肉+鮪魚+牛奶！

蛋白質多了17.2克！

番茄肉醬義大利麵

（義大利麵250克+牛豬絞肉50克+水煮番茄200克）

鮪魚沙拉

（綜合萵苣50克+水煮鮪魚罐頭30克）

玉米濃湯

（牛奶150毫升+奶油玉米罐頭50克）

攝取蔬菜和海藻
有益身體健康？

蔬菜咖哩

（白飯200克+咖哩塊20克+茄子30克+馬鈴薯40克）

海藻沙拉

（綜合海藻30克+番茄25克）

冰紅茶（無糖）

（200毫升）

6.5克 蛋白質

再加上海鮮+火腿+牛奶！

蛋白質多了
18.4克！

海鮮咖哩

（白飯200克+咖哩塊20克+綜合海鮮80克）

火腿沙拉

（高麗菜40克+火腿20克+番茄20克）

牛奶

（200毫升）

24.9克 蛋白質

健康的高蛋白低脂海鮮咖哩餐

午餐吃咖哩時，有些人會選擇健康的蔬菜咖哩。心想，若能再加海藻沙拉就更健康了！不過，因為蔬菜咖哩幾乎沒有蛋白質，建議選擇肉類咖哩或是高蛋白質、低脂肪的海鮮咖哩。沙拉也最好能再加上火腿。另外，咖哩和牛奶很搭，若能再加杯牛奶，蛋白質的攝取就相當完美了。

吃拉麵的話
就要多吃蔬菜！

蔬菜拉麵

（拉麵200克+綠豆芽80克+
木耳3克+胡蘿蔔20克）

10.8克
蛋白質

再加豬肉+蛋！

蛋白質多了
12.0克！

叉燒溏心蛋拉麵

（拉麵200克+
叉燒40克+溏心蛋50克+
玉米10克+少許蔥花）

22.8克
蛋白質

比起蔬菜拉麵，最好再加叉燒和水煮蛋

拉麵是午餐菜色中非常受喜愛的選擇之一。大部分人也會因為外食蔬菜吃得少，而選蔬菜拉麵。但沒有肉只有炒蔬菜，缺乏蛋白質，請選有叉燒和溏心蛋的拉麵。話雖如此，叉燒的脂肪也比較多，小心別吃太多。若能再加點燙蔬菜，營養更均衡。為預防吃進過多的脂肪、鹽分，最好不要喝湯。

選烏龍麵就要加配料以增加蛋白質

外食吃烏龍麵時，大多數人都固定會選湯烏龍麵配炸蔬菜！湯烏龍麵的口感配上酥脆的炸蔬菜，滿足感雖高，但也只有醣質和脂質，幾乎沒有蛋白質。同樣是烏龍麵，選有肉的烏龍麵為佳。牛肉的美味融入高湯中，除了蛋白質，也提升了滿足感。若考慮到營養均衡，建議再加一小碟涼拌蔬菜。

6.5克
蛋白質

決定吃滑順易入口
的烏龍麵了！

湯烏龍麵
（烏龍麵250克）
炸蔬菜
（胡蘿蔔20克+洋蔥20克）

再加牛肉！

蛋白質多了
10.7克！

牛肉烏龍麵
（烏龍麵250克+牛肉50克+少許蔥花）
涼拌菠菜
（菠菜100克+柴魚片0.5克）

16.7克
蛋白質

煎餃

（餃子皮30克+豬絞肉30克+高麗菜50克）

海帶芽湯

（乾燥海帶芽3克+雞高湯150毫升）

榨菜

（20克）

白飯

（200克）

煎餃定食也攝取得到蛋白質嗎？

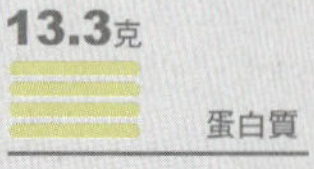

將餃子替換成什錦八寶菜！

若是中式料理，就選炒肉或炒海鮮的套餐

下班回家的路上，去吃頓中式料理當晚餐，感覺很不錯吧！其中不少人會選餃子套餐，因為餃子裡面有肉有菜，一次都吃到了。自己包過餃子的人應該也有發現，其實餃子是道肉少菜多的料理，蛋白質量不多。若要吃中式的，最好選有肉或是海鮮和蔬菜一起炒的什錦八寶菜，能夠同時攝取到膳食纖維和維生素，營養也均衡。

什錦八寶菜

（豬肉30克+花枝30克+鵪鶉蛋20克+白菜50克+胡蘿蔔20克+乾燥木耳2克）

海帶芽湯

（乾燥海帶芽3克+雞高湯150毫升）

榨菜

（20克）

白飯

（200克）

晚餐case ②

滿滿的炸蔬菜
應該很健康吧！

蔬菜天婦羅
（茄子20克+地瓜30克+南瓜30克+
蓮藕20克+舞茸20克+四季豆20克）

醃菜
（胡蘿蔔20克+白蘿蔔30克+
小黃瓜20克）

味噌湯
（高湯150毫升+味噌10克+少許蔥花）

白飯
（200克）

7.3克
蛋白質

要吃天婦羅的話，海鮮+蔬菜最均衡

酥脆燙口的炸天婦羅是超高人氣的料理。但要注意的是，麵衣的熱量高，油脂含量也高。而有的人為減少罪惡感，就選炸蔬菜。但蔬菜天婦羅就是油脂和碳水化合物的組合，幾乎沒有蛋白質，反而會讓人攝取了過多的油脂。若要吃天婦羅定食，請選擇蝦、鱈魚等含有豐富蛋白質的食材吧！

將一些蔬菜天婦羅替換成魚蝦天婦羅！

綜合天婦羅
（蝦子40克+鱈魚30克+
舞茸20克+四季豆20克）

醃菜
（胡蘿蔔20克+白蘿蔔30克+
小黃瓜20克）

味噌湯
（高湯150毫升+味噌10克+
板豆腐25克+少許蔥花）

白飯
（200克）

18.9克
蛋白質

蛋白質多了
11.6克！

因為雞皮和軟骨的蛋白質低，請選雞柳或雞肉丸

雞肉串燒的種類雖多，但每種的蛋白質量都不相同。雞皮、雞軟骨、雞胗和生高麗菜的組合一看以為健康的感覺，但其實雞皮的蛋白質量很少，連在軟骨、雞胗旁的肉也很小塊，更稱不上有蛋白質。

另一方面，雞肉丸、雞柳起司、雞肝等組合的蛋白質就很高，也可以同時攝取到鐵質。此外，毛豆是含有豐富蛋白質的食材，若要再多點一道菜就請加點毛豆。

> 燒烤店必點的組合！

綜合串燒
（雞皮60克+雞軟骨30克+雞胗30克）

高麗菜
（高麗菜40克+味噌10克）

生啤酒
（350毫升）

14.7克 蛋白質

不同部位的雞肉串燒

> 蛋白質多了14.2克！

28.9克 蛋白質

綜合串燒
（雞肝30克+雞柳60克+蘆筍20克+起司10克+雞肉丸50克）

毛豆
（30克）

High Ball
（威士忌加蘇打水）
（350毫升）

吃關東煮就是
要點這個！

綜合關東煮

（白蘿蔔100克+竹輪30克+蒟蒻60克+
麻糬福袋〔油炸豆皮15克+麻糬20克〕）

日本酒

（180毫升）

8.6克
蛋白質

替換白蘿蔔以外的食材！

吃關東煮也要選有嚼勁的食材

今晚吃關東煮！有時候也想喝熱清酒或燒酒兌熱水。一說到關東煮，就會想到白蘿蔔、蒟蒻、竹輪、麻糬福袋。不過，這些組合幾乎沒有蛋白質的。章魚、蛋有嚼勁，鱈寶的原料來自白身魚做的魚漿和蛋白，不僅熱量低，也能攝取到蛋白質。日後吃關東煮的時候，請一定要記得選這些。

綜合關東煮

（白蘿蔔100克+
章魚70克+蛋50克+
鱈寶50克）

燒酒兌熱水

（200毫升）

21.4克
蛋白質

蛋白質多了
12.8克！

購買現成的
市售蛋白質食品

現在到處都有著琳瑯滿目，可以攝取到蛋白質的食品。善用它們來均衡地調整日常的蛋白質吧！

利用超商的便利食品強化蛋白質攝取量

要「營養均衡」又要「著重蛋白質」，覺得自己煮的門檻變高了嗎？這是當然的。但自己煮不僅可以考慮營養的均衡，也會注意到是否有添加物，更節省開支，好處多多。但努力過頭而失去自煮的耐心，可就本末倒置了。無論外食或是買熟食，三餐皆持之以恆地攝取蛋白質吧！

這裡推薦活用便利商店裡的蛋白質食品，大家都知道，目前很流行低醣減肥以及高蛋白的飲食，因此市售含有豐富蛋白質的食品越來越多。肉、魚的動物性蛋白質、豆類、黃豆製品的植物性蛋白質，種類都相當豐富多元。

沒有時間吃早餐，就要善用點心

超商裡除了有雞肉沙拉，還有茶葉蛋、雞胸肉、魚板、玉子燒等，每種都可以當作配菜，活用這些食品可以省下不少時間。此外，超商架上還有蛋白質能量棒，建議沒時間吃早餐的時候，或是運動前、後的簡單進食就選超商。

一旦長時間沒攝取蛋白質，血液中的白胺酸便會減少，而開啟分解肌肉的開關。因此，經常且分次攝取蛋白質的效果較好。建議常備著輕鬆就能攝取蛋白質的食品，覺得「肚子餓了」的時候隨手就能吃。

Q 要確實攝取蛋白質的話，早上、 中午、 晚上，哪個時間帶比較好？

A 早上起床就要補充蛋白質

若想有效率地增加肌肉，建議早上就要確實地攝取蛋白質。當血液中一種名為「白胺酸」的胺基酸濃度變高時，與肌肉的合成速度就會上升，相反的，濃度變低時，合成速度就會下降。從晚餐到隔天早餐之間相隔了10～12小時，因為兩餐間隔最久，白胺酸的濃度也低，這時確實攝取蛋白質，便會啟動肌肉合成的開關。反之，早餐若沒攝取蛋白質，便無法合成一日所需的肌肉，肌肉量就會減少。

Q 想增加肌肉時，動物性蛋白質和植物性蛋白質哪一種比較好？

A 均衡地攝取動物性和植物性蛋白質

無論是動物性還是植物性的蛋白質，增加肌肉的功能都一樣。請均衡地攝取食品中所含的體內無法合成的「必需胺基酸」。像是肉、魚、蛋、乳製品、豆類、黃豆製品，都含有胺基酸，建議都要攝取。此外，動物性蛋白質含有合成肌肉的必需胺基酸、BCAA，但缺點是脂肪偏多。所以不偏食，均衡地攝取動物性和植物性的蛋白質才是正確。

Q 增肌運動該做有氧運動還是重量訓練

A 若想增肌，就做負荷高的重量訓練

運動會對肌肉施加負荷，使肌纖維受到損傷，這時，若能確實攝取蛋白質，便能修復受到傷害的部分，並增強為更堅硬的肌肉。這是肌肉增長的機制。因此，若想有效率地增加肌肉，建議做負荷高的重量訓練。不過，慢跑、走路等有氧運動也有使用到肌肉。沒有運動習慣的人，至少每天先從增加活動身體的時間開始，例如：快走、做家事等。

Q 只要攝取蛋白質，就算不運動也能長肌肉嗎？

A 在某種程度內的確可以增加肌肉

在某種程度內，就算不運動，適量地攝取蛋白質是可以增加肌肉的。該攝取多少才夠呢？一日應攝取的量是體重每1公斤0.1克。也就是說，體重50公斤的人需要5克，60公斤的人需要6克，因此就算不運動，2～3個月後可以增加約390克的肌肉。話雖如此，建議還是要運動才能有質量佳的好肌肉，血液循環，調整身體機能而且可以改善，對全身都有益。從現在開始做簡易的肌肉訓練等運動吧。

Part 2

想大快朵頤！

滿滿蛋白質的美味料理

本章節介紹能確實攝取到蛋白質的菜單範例，
包括營養均衡滿點的一碗食譜，
以及高蛋白質、低脂肪的肉、魚、蛋、
乳製品、黃豆、黃豆製品的配菜。

確實攝取蛋白質

一日菜單範例①

在平常吃的菜色中增加肉、豆腐、蛋以確實攝取蛋白質。請重新檢視你的一日菜單吧。

菜單point

確實補充活動身體和動腦所需的熱量來源。光只有醣質的話，很快就會覺得餓了，攝取蛋白質的飽足感較能持久。

納豆起司吐司

材料（1人份）

納豆…1盒
披薩用起司…適量
吐司…1片
奶油…適量

作法

1 奶油抹在吐司上，用納豆盒附的醬油將納豆拌勻後抹在吐司上，接著再均勻放上起司。
2 放進烤箱烤3～4分鐘至金黃即可。

青花菜蛋沙拉

材料（1人份）

水煮蛋…1顆
番茄…1/2小顆
青花菜（小朵）…5～6朵
鹽・胡椒・橄欖油…各適量

作法

1 水煮蛋剝殼後切月牙形，番茄也切月牙形。青花菜用鹽水汆燙。
2 鹽、胡椒、橄欖油倒入調理碗中，和蔬菜、蛋一起拌勻。

蔬菜雞肉蛋烏龍麵

材料（2人份）

雞腿肉…1/2片
水煮蛋…2顆
高麗菜…2片
蔥…1/3根
胡蘿蔔…1/4條
冷凍烏龍麵…2片
A 水…800毫升
A 高湯…6大匙
七味粉…適宜

作法

1 雞腿肉切一口大小、高麗菜切3～4公分、蔥薄斜切、胡蘿蔔切薄片。
2 將1和A加入鍋中開中火煮沸，全部食材煮熟後，再放入烏龍麵和水波蛋。
3 盛入碗中，再依個人喜好撒上七味粉。

午

在家辦公時更要有意識地攝取蛋白質

菜單point

在家辦公的日子或是休假時，午餐想簡單解決一餐。這時來碗加了滿滿蛋白質食材的烏龍麵就行了。如果沒有雞蛋，加豬肉也行。放進一顆切對半的水波蛋就是一道令人食慾大開的佳餚。

晚
超下飯的熱呼呼豆腐和牛肉！
爽口的醋漬物也洗去了一天的疲勞
白飯160克
醋漬花枝小黃瓜海帶芽
小松菜肉片豆腐

小松菜肉片豆腐

材料（2人份）

板豆腐…150克
薄牛肉片…120克
洋蔥…1/2顆
小松菜…100克

A
麵味露（3倍濃縮）
…2又1/2大匙
砂糖…1小匙
水…200毫升

作法

1 豆腐切6等分後放在廚房紙巾上吸乾水分。洋蔥切薄片、小松菜切3～4公分段。

2 將**A**、洋蔥放入平底鍋中開中火，煮滾後加入豆腐、牛肉。蓋上蓋子燜煮4～5分鐘後，放入小松菜再煮1～2分鐘。

羊棲菜鮪魚沙拉

材料（2人份）

羊棲菜（乾燥）…10克
鮪魚罐頭（油漬）
…1罐
綜合三色豆…3大匙

A
麵味露（3倍濃縮）
…1大匙
芝麻油…1小匙

鹽・胡椒…各適量

作法

1 羊棲菜泡水、鮪魚罐頭瀝掉裡面的油。綜合三色豆汆燙至熟。

2 將**1**、**A**放入調理碗中，加入鹽、胡椒調味拌勻即可。

醋漬花枝小黃瓜海帶芽

材料（2人份）

花枝…40克
小黃瓜…1條
鹽…1/4小匙
海帶芽（乾燥）…5克

A
醋…3大匙
砂糖…1大匙
醬油…1小匙

作法

1 花枝用刀劃格子狀但不切斷，然後切長片，汆燙至熟。小黃瓜切薄圓片後再抓鹽，出水後擰乾水分。海帶芽泡水。

2 將**1**放入調理碗中，接著加入**A**拌勻。

菜單point

肉片豆腐可同時攝取到植物性和動物性蛋白質。加上爽口解膩的醋漬花枝也可補充到蛋白質，羊棲菜則可攝取膳食纖維，促進腸胃蠕動。

確實攝取蛋白質

一日菜單範例②

以日式、西式、異國料理等各種風味來滿足一日三餐的味蕾。

早

身心都放鬆的日式早餐。早上喝一碗味噌湯來提振精神！

菜單point

剛烤好的鮭魚酥脆多汁，但忙碌的早上根本沒時間烤！這時就可先在前一天烤起來備用。早晨好好地吃，以開啟身體和大腦的引擎吧！

烤鮭魚

材料（2人份）

鮭魚…2片

作法

將鮭魚放入烤箱以高溫烤7～8分鐘（若是只能烤一面的機器，烤到一半時需上下翻面）。

大豆小黃瓜沙拉

材料（2人份）

大豆罐頭（水煮）…60克
茅屋起司…2大匙
小黃瓜…1條
檸檬汁…1小匙
鹽．胡椒…各適量

作法

1 大豆罐頭瀝掉水分、小黃瓜切小塊再用1/8小匙鹽巴抓勻。
2 將1、茅屋起司、檸檬汁加入調理碗中，以鹽、胡椒調味。

豆腐海帶芽味噌湯

材料（2人份）

嫩豆腐…100克
油炸豆皮…1/2片
海帶芽（乾燥）…4克
高湯…400毫升
味噌…1又1/2大匙

作法

1 豆腐切丁、油炸豆皮切條狀。
2 將高湯、海帶芽放入鍋中，中火煮1分鐘後，加入油炸豆皮、豆腐和味噌。味噌攪散均勻即可。

荷包蛋打拋雞肉飯

材料（2人份）

雞絞肉…200克
蛋…2顆
洋蔥…1/4顆
青椒…2個
紅椒…1/3個
九層塔葉…10片
蒜頭（切蒜末）…1瓣

A
蠔油・酒…各1大匙
魚露・砂糖…各2小匙
辣椒（切圓狀）…1根

沙拉油…2小匙
熱飯…320克

作法

1 洋蔥切末、青椒和紅椒切小丁。手撕九層塔葉。
2 沙拉油倒入平底鍋中，加入蒜末開小火爆香，香味出來後轉中火，加入洋蔥拌炒至變軟，再加入雞絞肉拌炒。肉變色後加入青椒、紅椒、**A**、九層塔拌炒。
3 沙拉油（份量外）倒入平底鍋中，開中火加熱，打蛋進去煎半熟荷包蛋。
4 飯盛入盤中，再將**2**、**3**放在飯上面。

午

切開荷包蛋，拌飯一起吃！

菜單point

丼飯一直是中午菜單裡的人氣品項。放上一顆荷包蛋，瞬間提升蛋白質營養。牛丼＋生蛋、拉麵＋水煮蛋的組合也很棒。

晚

加了豆腐的肉醬
搭配有口感的沙拉和湯品。

菜單point

除了主餐，湯和沙拉中也有蛋白質的食材，怎麼吃都吃不膩。但因為義大利麵含有較多的醣質，請享用1人份的麵量即可。

豆腐肉醬義大利麵

材料（容易做的份量／約4人份）

牛豬絞肉…200克
豆腐（壓碎）…100克
洋蔥…1/2顆
胡蘿蔔…1/3條
芹菜…1/2根
蒜頭（切末）…1瓣
鹽．胡椒…各適量
橄欖油…1大匙

A
碎番茄罐頭…1罐
水…200毫升
番茄醬…3大匙
蜂蜜…2大匙
鹽．濃縮高湯粒…各1小匙
月桂葉或百里香（若有）…各適量

義大利麵…80～120克（1人份）

作法

1 洋蔥、胡蘿蔔、芹菜切末。
2 把橄欖油、蒜末、**1**加入平底鍋中，開中火拌炒。炒到洋蔥通透後再加入絞肉拌炒，肉變色後加入豆腐碎再炒2～3分鐘。
3 接著加入**A**煮10分鐘後再以鹽、胡椒調味。
4 義大利麵120克請依包裝指示煮熟後瀝乾水分，盛盤、淋上**3**。

蝦仁生菜沙拉

材料（2人份）

蝦仁（冷凍）…10尾
生菜…2片
高麗菜…60克

A
美乃滋…2大匙
番茄醬…1大匙
檸檬汁．砂糖（或煉乳）…各1小匙

作法

1 蝦仁解凍後燙熟。
2 手撕生菜、高麗菜切絲。
3 將**2**盛入容器中擺上**1**，再淋上拌勻的**A**。

蛋花湯

材料（2人份）

蛋液…2顆
濃縮高湯粒…2小匙
水…400毫升
粗粒黑胡椒粉…適量

作法

1 將水、濃縮高湯粒加入鍋中，開中火煮滾後，再繞圈倒入蛋液。
2 盛入碗中，撒上粗粒黑胡椒粉。

滿足口欲的方塊狀食材！

5種蔬菜鯖魚沙拉

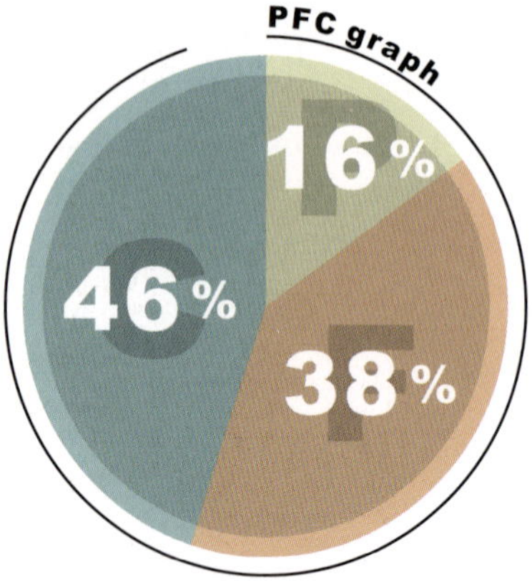

材料（2人份）

鯖魚罐頭（水煮）…1罐
水蒸綜合豆…50克
萵苣…4葉
酪梨…1/2顆
青花椰苗…15克
地瓜…200克
小番茄…10個

A
- 醋…2大匙
- 檸檬汁・砂糖・橄欖油…各1大匙
- 鹽…1/5小匙
- 胡椒…少許

作法

1 萵苣切1公分寬。
2 酪梨切1.5公分塊，青花椰苗去掉根部。地瓜切2公分塊狀後煮熟，小番茄切對半。鯖魚瀝掉罐頭裡的湯汁後撥散，綜合豆瀝掉水分。
3 將1鋪在碗中，接著再分別放上2的食材，每種食材各自排成一列。
4 將A放入碗中，拌勻後淋在3上面。

memo 鯖魚罐頭連魚骨都能吃，也是補充鈣的最佳選擇

鯖魚罐頭以高溫高壓調理後，連骨頭都軟到能直接吃，還含有豐富的鈣質。比起白肉魚，能攝取到更多的DHA和EPA等優質脂肪，且容易保存，是常備料理的最佳選擇。

19.8克 蛋白質

479卡 熱量

48.1克 醣質

20.2克 脂質

豬肉溫蔬菜沙拉

加了黃芥末的沙拉醬真美味

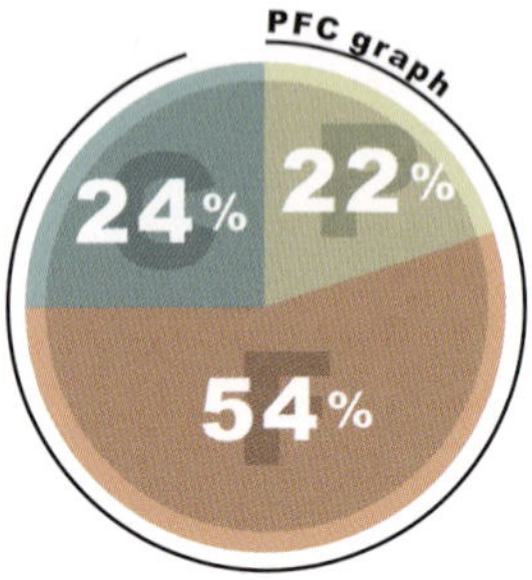

材料（2人份）

豬肉（火鍋肉片）…250克
十穀米（綜合3～5種）…2小匙
甜豌豆…12個
青花菜…1/2顆
胡蘿蔔…1/2條
茄子…2條
蓮藕…4公分長段
橄欖油…2小匙

A
- 芝麻油…3大匙
- 黃芥末籽醬・醋・醬油…各1大匙
- 砂糖…2小匙

作法

1 汆燙豬肉片煮到變色、瀝乾水分。
2 十穀米煮熟後放涼備用。
3 甜豌豆去絲，青花菜切小朵，胡蘿蔔切0.5公分寬圓片，分別用鹽水（份量外）煮熟放涼。
4 茄子切滾刀塊，蓮藕切0.5公分厚。加入耐熱容器中，接著再淋上橄欖油輕輕拌勻，蓋上保鮮膜微波加熱2～3分鐘。
5 將1、2、3、4盛入碗中，淋上拌勻的A。

滿滿色香味俱全的蔬菜

鰹魚香料沙拉

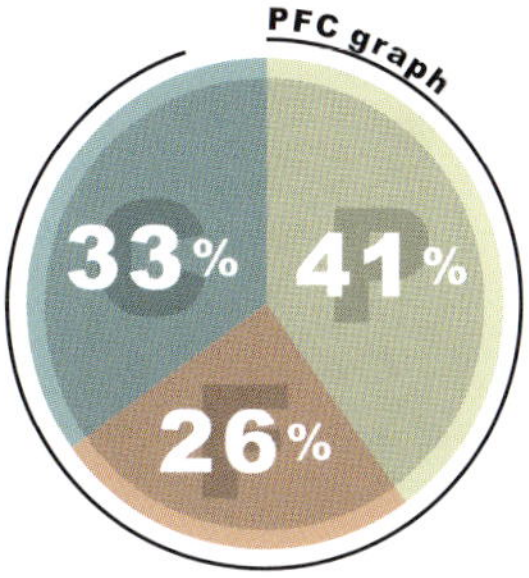

材料（2人份）

炙燒鰹魚（片）
…200克
糙米…2大匙
水菜…150克
紫蘇葉…4片
茗荷…2個
芹菜…1/2根
蘿蔔嬰…40克
A 芝麻油…1大匙
A 雞湯粉・蒜泥…各1小匙
鹽…適量

作法

1. 糙米煮熟，放涼備用。
2. 炙燒鰹魚切1.5公分塊，水菜切3～4公分。紫蘇葉、茗荷、芹菜切絲，蘿蔔嬰切掉根部。
3. 將1、2、A加入調理碗中大致拌一下，最後再以鹽調味。

memo

鰹魚除了是優質蛋白質食物，也富含EPA、PHA，並含有瘦身、高強度運動後稍嫌不足的豐富鐵質，能夠預防貧血。

能享用到滿滿的蒸高麗菜！

高麗菜雞肉沙拉

材料（2人份）

雞胸肉…1/2塊（160克）

A
- 酒…1/2大匙
- 鹽…1/4小匙
- 胡椒…少許

高麗菜…150克

小番茄…6～8個

蛋…2顆

B
- 橄欖油…2大匙
- 巴薩米克醋…1大匙
- 醬油．蜂蜜…各1小匙
- 鹽．胡椒…各適量

作法

1. 將雞肉放入耐熱容器中用A抓勻，蓋上保鮮膜，微波加熱3分鐘，稍微放涼後再手撕成容易入口大小。
2. 高麗菜切細絲。
3. 先將2放入平底鍋中，再放1和小番茄。中間挖一個洞、打入雞蛋，加入2大匙水（份量外），蓋上蓋子開中火燜煮。蛋的熟度依個人喜好，關火、將B拌勻淋上。

加了芫荽就是異國風料理

鮪魚生魚片蔬菜沙拉

材料（2人份）

鮪魚（生魚片）…200克

山茼蒿…30克

芫荽…20克

蔥白…10公分

小番茄…8個

薏仁…1大匙

A
- 橄欖油…2大匙
- 檸檬汁…1大匙
- 醬油…1小匙
- 鹽…1/4小匙

作法

1. 薏仁稍微洗一下泡水30分鐘後放入電鍋煮熟，放涼後放入調理碗中，再加入A攪拌均勻。
2. 鮪魚切薄片，山茼蒿用手撕小片，芫荽切3～4公分，小番茄切對半，蔥白切細絲。
3. 先將鮪魚盛盤排整齊，再放上山茼蒿、芫荽、蔥絲、小番茄，最後放1即可。

加了梅肉味道更清爽

梅肉鮪魚凱薩沙拉

材料（2人份）

鮪魚罐頭（油漬）…1罐
溫泉蛋…2顆
小黃瓜…1條
胡蘿蔔…1/3條（50～60克）
海帶芽（乾燥）…3克
生菜…4葉
芝麻葉…40克
毛豆（冷凍／從豆莢中取出）…50克

A
- 蒜泥…1/2瓣
- 梅肉…15克
- 美乃滋…2大匙
- 牛奶．起司粉…各1大匙
- 醬油…1/2小匙

核桃（無鹽）…適量

作法

1 用削皮器將小黃瓜和胡蘿蔔削薄片，海帶芽泡水。手撕生菜和芝麻葉。

2 將1、毛豆盛入碗中，放上瀝掉油的鮪魚，淋上拌勻的A，碗中挖一個洞打入溫泉蛋，最後再撒上切碎的核桃。

以鯷魚沙拉醬提味，唇齒留香！

蝦仁鯷魚生菜沙拉

材料（2人份）

蝦仁（冷凍／解凍後快速氽燙）…160克
水煮蛋（切圓片）…2顆
水蒸綜合豆…50克
糙米…2大匙
紫洋蔥…1/4顆
紫萵苣（切絲）…2葉
苦苣生菜（手撕）…4～5葉
黃椒（切細絲）…1/2個
芹菜（斜切薄片）…1/2根

A | 1瓣蒜頭磨泥、鯷魚（切碎末）20克、無糖原味優格5大匙、橄欖油1大匙、鹽．胡椒各少許 |

作法

1 糙米煮熟，放涼備用。

2 將紫萵苣切薄片，泡冰水再瀝乾。綜合豆煮熟瀝掉水分。

3 將2盛入碗中，再放上其他蔬菜、蝦仁、水煮蛋，將1弄散撒上，將A拌勻淋上。

19.9克 蛋白質

309卡	熱量
28.0克	醣質
10.1克	脂質

蛤蜊巧達濃湯

乳白的湯汁中滿溢著海鮮的鮮味

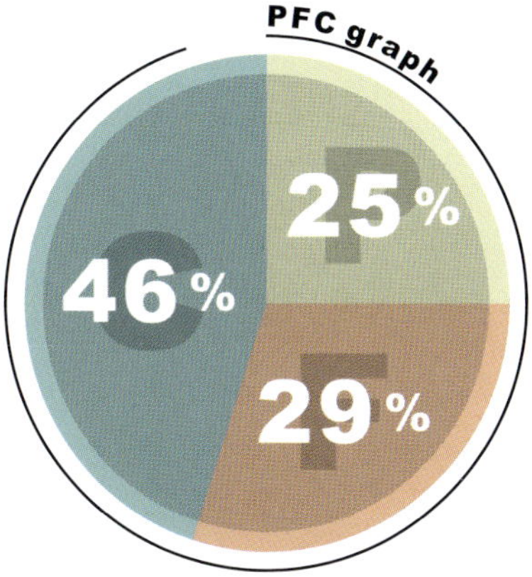

材料（2人份）

綜合海鮮（冷凍）…200克
馬鈴薯…2個（200克）
胡蘿蔔…1/3條（60克）
洋蔥…1/4顆
芹菜…1/3根（40克）
鴻禧菇…50克
蒜頭（切末）…1瓣
A 脫脂奶粉…3大匙
A 麵粉…1大匙
水．牛奶…各200毫升
高湯粉…1小匙
鹽．胡椒…各適量
橄欖油…1大匙

作法

1. 將綜合海鮮解凍。
2. 馬鈴薯切2公分塊，胡蘿蔔、洋蔥、芹菜切1公分塊。鴻禧菇的根部切掉後剝散。
3. 橄欖油、蒜末加入鍋中開小火爆香，香味出來後加入**2**拌炒。炒軟了後再加入**1**拌炒，放進**A**。
4. 將水、高湯粉加入**3**中，蓋上蓋子，以小火煮5～6分鐘，煮到蔬菜變軟，期間需不時掀蓋攪拌一下（煮的時候若水分有減少，請一點一點地加）。
5. 蔬菜熟了後再加入牛奶，用炒菜鏟邊攪拌邊煮到濃稠。最後再以鹽、胡椒調味。

memo 有章魚和蛤蜊的綜合海鮮提升了營養價值

綜合海鮮除了有蝦仁、花枝，還有章魚、蛤蜊等，全都是低熱量、高蛋白質的食材。花枝、章魚的牛磺酸能夠清解疲勞，蛤蜊的鐵質也相當豐富，是預防貧血時易取得的食材。

豆腐雞肉丸子高麗菜湯

加了豆腐的雞肉丸子，口感飽滿！

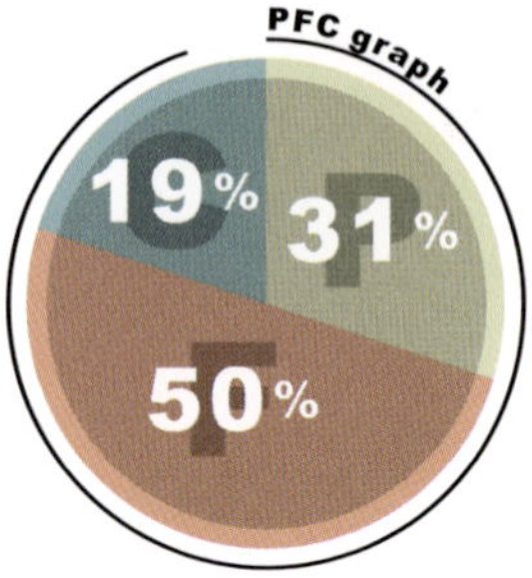

材料（2人份）

雞絞肉…200克
板豆腐…150克
（確實瀝乾水分後約90克內）
高麗菜…120克
A
- 太白粉…1大匙
- 薑泥・醬油…各1小匙
- 鹽・胡椒…各少許

B
- 水…500毫升
- 高湯粉…2小匙

鹽・胡椒…各適量

作法

1 雞絞肉、瀝乾水分的豆腐、A加入調理碗中拌勻，分12等分搓成丸子。
2 將B加入鍋中煮開後，加入1轉中火煮1～2分鐘。
3 高麗菜切3～4公分後加入2中，蓋上蓋子轉小火煮4～5分鐘，最後再以鹽、胡椒調味。

memo

使用雞絞肉和豆腐，能同時攝取到動物性及植物性蛋白質。它們所含的胺基酸，其中消化、吸收的速度各有不同。

海陸辣豆腐鍋

鮮美的蛤蜊配上辛辣湯品，忍不住一口接一口！

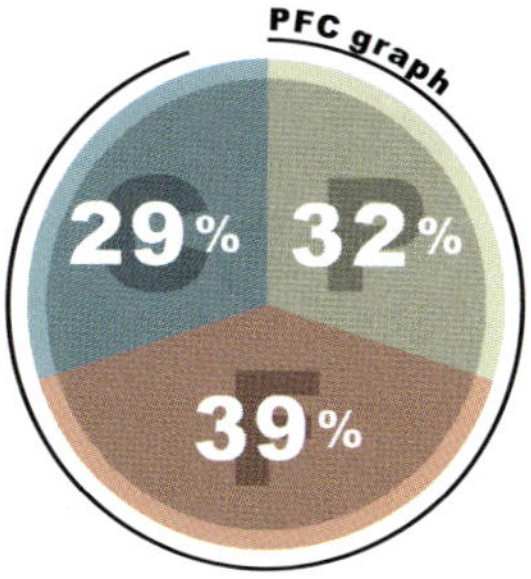

材料（2人份）

豬腿肉（切薄片）…120克
板豆腐…200克
蛤蜊（帶殼／吐完沙）…150克
水…400毫升
A
- 蒜泥…1瓣
- 韓式辣椒醬…2大匙
- 雞湯粉…1小匙
- 醬油…1/2小匙

青蔥（斜切薄片）…10公分
辣椒粉…適量

作法

1. 豬肉切容易入口大小，豆腐用手掰開。
2. 將豬肉加入不沾鍋中開中火拌炒。炒到肉變色後，再加入水、豆腐、蛤蜊和A一起煮，煮到蛤蜊開口。
3. 盛入碗中，撒上蔥片、辣椒粉，辣味依個人喜好調整。

memo

豬腿肉若煮太久會太老，好吃的祕訣在快煮。清爽的口味和薑燒的味道也很合，是高蛋白質的食材。

品嚐味噌和芝麻的濃厚滋味，
吃到最後一滴依然美味！

擔擔豆乳湯

材料（2人份）

豬絞肉…100克
韭菜…30克
豆芽菜…120克
豆瓣醬…1小匙
薑泥・蒜泥…各1小匙
豆漿…400毫升
雞湯粉…1/2大匙
味噌・白芝麻…各2小匙
芝麻油…2小匙
辣油…適宜

作法

1 韭菜切3～4公分。
2 芝麻油加入鍋中開中火加熱，接著加入絞肉、豆瓣醬拌炒。炒到肉變色後再加入薑泥、蒜泥、豆芽菜拌炒。
3 將豆漿、雞湯粉加入2中，邊攪拌邊煮1～2分鐘。接著加入1、味噌、白芝麻，將味噌攪拌溶化。
4 盛入碗中，依個人喜好淋上辣油。

埃及帝王菜的黏稠感，
讓湯滑順好入口。

埃及帝王菜雞柳蕪菁湯

材料（2人份）

雞柳…2條
蛋液…1顆
埃及帝王菜（或小松菜）…30克
蕪菁…大的1顆
糙米…50克
水…500毫升
雞湯粉…2小匙
A 醋…2小匙
A 醬油…各1小匙
鹽・胡椒…各適量

作法

1 雞柳斜切0.8公分厚的片狀。埃及帝王菜切碎，蕪菁切月牙形。
2 將洗淨的糙米、水、雞湯粉放入鍋中，開中火煮10分鐘後，加入雞柳和蕪菁繼續煮5分鐘。
3 鍋中再加入埃及帝王菜和A，繞圈倒入蛋液煮成蛋花，最後以鹽、胡椒調味。

濃縮了奶油玉米和牛奶的溫和美味

玉米蛋花濃湯

材料（2人份）

蛋液⋯1顆
洋蔥⋯1/4顆
高麗菜⋯50克
A
奶油玉米罐頭⋯1罐（190克）
牛奶⋯200毫升
水⋯100毫升
綜合三色豆（冷凍）⋯2大匙
高湯粉⋯1小匙
鹽．胡椒⋯各適量
粗粒黑胡椒粉⋯適量

作法

1 洋蔥切薄片，高麗菜切3～4公分，放入耐熱容器中蓋上保鮮膜，微波加熱3分鐘。
2 將1和A加入鍋中開中火煮1～2分鐘。繞圈倒入蛋液，待熟了後再以鹽、胡椒調味。
3 盛入碗中，撒上粗粒黑胡椒粉。

飽足感極佳的一碗燕麥粥！

燕麥鹹豆漿

材料（2人份）

板豆腐⋯150克
鴻禧菇⋯100克
榨菜⋯30克
豆漿⋯400毫升
雞湯粉⋯1小匙
燕麥片⋯2大匙
鹽．胡椒．辣油⋯各適量

作法

1 用手將豆腐剝小塊，鴻禧菇去掉根部後剝散，榨菜切粗末。
2 將豆漿、1、雞湯粉加入鍋中，開中火煮1～2分鐘。接著加入燕麥片，轉小火再煮1分鐘後以鹽、胡椒調味
3 盛入碗中，淋上辣油。

雞胸肉

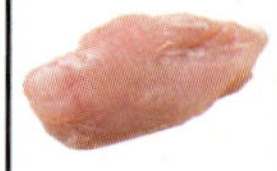

食材營養memo

高蛋白、低醣質，價格相對便宜。味道清淡爽口，料理較多樣化。

義式香煎雞胸肉

想大口吃肉的時候，雞胸肉是絕佳選擇

菜單範例

■ 配菜 → P149
青花菜起司沙拉

■ 湯品
海帶芽味噌湯

材料與作法（1人份）

準備2小匙味噌、2克柴魚片、2克海帶芽泡水後瀝乾、15克蘿蔔嬰切掉根部洗淨，全部材料加入碗中，倒入150毫升的沸水拌勻即可。

保存期間

冷藏 **3～4** 日

材料（2人份）

雞胸肉…1片
鹽…1/2小匙
胡椒…少許
酒…1大匙
麵粉…適量
蛋液…2顆
起司粉…1大匙
橄欖油…適量
生菜・番茄醬…各適宜

作法

1 雞胸肉去皮後斜切0.8公分的厚片，用鹽、胡椒、酒抓勻，撒上麵粉。
2 將蛋液、起司粉加入調理碗中拌勻。
3 將橄欖油倒入平底鍋中開中火加熱，把1先在2中兩面沾勻，再放入平底鍋中煎，接著再放入2中沾蛋液再煎。重複此步驟直到煎熟。
4 將煎好的雞胸肉盛入碗中，依個人喜好加入生菜、番茄醬。

memo 搭配促進蛋白質吸收的維生素B_6和C

吃雞胸肉可以充分攝取到蛋白質，若再搭配吸收蛋白質時不可欠缺的維生素B_6，以及幫助形成有彈性肌肉的維生素C菜餚一起吃，效果更好！

義式香煎雞胸肉／1人份

蛋白質	28.1克
熱量	257卡
醣質	11.0克
脂質	10.3克

照燒雞胸肉

裹上照燒醬的雞肉，完全就是白飯小偷！

保存期間

冷藏 **4～5**日

材料（2人份）

雞胸肉…1片
鹽・胡椒…各少許
麵粉…適量
四季豆…6～8根
A｜醬油・酒・味醂…各1大匙
　｜砂糖…1/2大匙
沙拉油…1大匙

作法

1. 雞胸肉斷筋後對半片開但不切斷，攤平，撒上鹽、胡椒、麵粉。
2. 將沙拉油倒入平底鍋中開中火加熱，放入**1**，兩面各煎4～5分鐘。也將去掉蒂頭的四季豆放入一起煎，煎熟後先取出備用。
3. 將**A**加入**2**中煮至入味，起鍋後將雞肉切成入口大小。
4. 盛盤，四季豆放旁邊。

memo

雞胸肉和雞腿肉比起來，除了熱量低，蛋白質量相當豐富，脂肪也少，吃再多也沒關係。

香煎茄汁雞胸肉

旁邊的蔬菜也裹上美味醬汁

保存期間
冷藏 **4～5** 日

材料（2人份）

雞胸肉…1片
鹽・胡椒…各少許
水…1大匙
太白粉…適量
A 番茄醬…2大匙
A 伍斯特醬…1大匙
A 蜂蜜…2小匙
橄欖油…1～2大匙
貝比生菜…適宜

作法

1. 雞肉去皮切一口大小，用鹽、胡椒、水抓勻，撒上太白粉。
2. 將橄欖油倒入平底鍋中開中火加熱，加入1，邊翻面邊煎，煎熟後再加入A，均勻地裹在雞肉上。
3. 盛盤，依個人喜好加入貝比生菜。

memo

因番茄醬和伍斯特醬的醣質稍高，只要一點點就很夠味，注意不要加太多。也可當作雞肉的預先調味使用。

雞肉時蔬涮涮鍋

只用高湯煮火鍋，真簡單！

材料（2人份）

雞胸肉…1片
白菜…1/6顆
水菜…100克
胡蘿蔔…1/2條
高湯…600～800毫升
柚子醋醬油…適量
個人喜好的香辛料…適宜

作法

1 雞肉切薄斜片。白菜和水菜切3～4公分，胡蘿蔔用削皮器削長形薄片。
2 鍋中加入高湯煮滾後，加入1煮約1～2分鐘。
3 在小碟中加入柚子醋醬油、個人喜好的香辛料，蘸著吃。

memo

雞胸肉是容易柴的部位。因此切薄片用來涮著吃就能享受到它的軟嫩口感。

熱量	醣質	脂質	蛋白質
209卡	7.7克	8.4克	25.0克

烤上色了再蓋鋁箔紙，
就能烤出漂亮的焦黃色！

味噌優格烤雞

材料（2人份）

雞胸肉…1片
A 無糖優格…2大匙
A 味噌…1大匙
青椒…2顆

作法

1 將拌勻的A均勻地抹在雞胸肉上醃漬，冷藏8～12小時。
2 青椒縱切，去籽和蒂頭。
3 把1稍微擦去醃醬，和2一起放入烤箱10分鐘（單面烤的機器則烤5分鐘後上下烤翻面，繼續烤4～5分鐘）。青椒微焦時就可先取出備用。
4 烤雞取出後切成容易入口大小、盛盤，旁邊放青椒。

保存期間
冷藏 **5** 日

瀝乾水分的滑嫩鬆軟拌豆腐

雞肉榨菜拌豆腐

材料（2人份）

雞胸肉…1片
板豆腐…1塊
（350克）
榨菜…30克
鹽…1/2小匙
胡椒…少許
酒…1大匙
小黃瓜…1條
白芝麻…1大匙
鹽…適量

作法

1 先用廚房紙巾將豆腐包起來，上面用重物壓30分鐘以上，以確實瀝乾水分。
2 雞胸肉去皮，用鹽、胡椒、酒抓勻。放入耐熱容器中，蓋上保鮮膜，微波加熱4～5分鐘。稍微放涼後再用手撕。
3 小黃瓜切細絲，榨菜切末。
4 將1加入調理碗中，用打蛋器等器具打散，接著再加入2、3、白芝麻拌勻，最後再以鹽調味。

熱量	醣質	脂質	蛋白質
277卡	6.8克	11.2克	33.6克

31.5克 蛋白質

189卡 熱量

9.3克 醣質

1.9克 脂質

印度烤雞柳／1人份

雞柳

食材營養memo

高蛋白質的雞肉中，雞柳是醣質和脂肪都最少的部位，也是最容易消化吸收的肉品。

印度烤雞柳

浸泡在優酪乳中，肉質變得軟嫩

菜單範例

- 配菜 → P154
  羊棲菜拌起司堅果
- 湯品
  番茄味噌湯
  材料和作法（1人份）
  取味噌、麵味露（3倍濃縮）各1小匙加入碗中，接著放入1/4顆切小丁的番茄、適量蔥花，最後倒入150毫升滾水拌勻。
- 主食
  白飯…160克

保存期間

冷藏 **4～5** 日

材料（2人份）

雞柳…6條

A
- 無糖優酪乳…4大匙
- 番茄醬…1大匙
- 咖哩粉…1/2大匙
- 蒜泥・薑泥…各1小匙
- 鹽…1/2小匙
- 胡椒…少許

綠蘆筍…適量

作法

1. 雞柳斷筋，用拌勻的A醃製，放冷藏8～12小時以上。
2. 把1抹掉多餘的醃醬，放入烤箱烤10分鐘左右。
3. 切掉綠蘆筍的根部，用鹽水（份量外）汆燙後切5～6公分段。

memo **藉搭配的蔬菜或配菜，品嚐口感不同的食材**

當主要食材較為柔軟時，最好搭配一些有嚼勁的食材。可以透過不同食材的組合，讓整體均衡很重要。充分咀嚼食物不僅有助於消化，還能預防牙齒疾病。

雞柳回鍋肉

重口味的炒菜加雞柳，健康又美味！

保存期間

冷藏 **3～4** 日

材料（2人份）

雞柳…4條
鹽・胡椒…各適量
酒…1大匙
太白粉…2小匙
高麗菜…200克
青椒…2顆

A
- 蠔油・酒…各1大匙
- 豆瓣醬・味噌・砂糖…各1小匙

芝麻油…1大匙

作法

1 雞柳去筋後切薄斜片，再以鹽、胡椒、酒抓勻，撒上太白粉。

2 高麗菜切3～4公分四方形，青椒去籽和蒂頭後切滾刀塊。

3 芝麻油加入平底鍋，開中火加熱，加入1煎。煎熟後再加入2拌炒，炒到高麗菜變軟後，再加入拌勻的A一起拌炒至入味。

memo

青椒除了有耐熱的維生素C，更含有β-胡蘿蔔素，非常適合作為熱炒菜食材。

雞柳四季豆炒蛋

依個人喜好撒上粗粒黑胡椒粉提味

材料（2人份）

雞柳…2條
鹽…1/4小匙
胡椒…少許
酒…1/2大匙
蛋液…2顆
四季豆…16根
醬油…1小匙
芝麻油…1大匙
粗粒黑胡椒粉…適宜

作法

1 雞柳斷筋切薄斜片，再以鹽、胡椒、酒抓勻。四季豆去蒂頭後切3～4公分段備用。
2 將1加入耐熱容器中，蓋上保鮮膜，微波加熱2～3分鐘。
3 芝麻油加入平底鍋，開中火加熱，繞圈倒入蛋液，蛋熟後再加入2拌勻，並淋上醬油。
4 盛盤，再依個人喜好撒上粗粒黑胡椒粉，即可食用。

memo

高蛋白質的雞肉和擁有極高營養價值的雞蛋，搭配富含膳食纖維的四季豆，營養均衡又好吃。

沙拉般的清爽配菜

涼拌麻醬手撕雞

材料（2人份）

雞柳…4條
鹽…1/4小匙
胡椒粉…少許
酒…1/2大匙
小黃瓜…1～2條
A
麵味露（3倍濃縮）・白醋…各1又1/2大匙
白芝麻醬・白芝麻粉・豆漿…各1大匙
砂糖…1小匙
番茄…1/2顆

作法

1 雞柳去筋後放入耐熱容器中，撒上鹽、胡椒、酒抓勻，蓋上保鮮膜，微波加熱2～3分鐘。放涼後用手撕開。
2 小黃瓜切細絲。
3 將1、2盛盤，淋上拌勻的A。番茄切月牙形，盛盤一起食用。

memo

味道醇厚的芝麻，不僅有蛋白質，更含有豐富的鈣、鋅、鐵等礦物質。

捲起豐盛的蔬菜！

雞柳越式生春捲

材料（6條量）

雞柳…4條
鹽…1/4小匙
胡椒…少許
酒…1/2大匙
越南米紙・生菜・紫蘇葉…各6片
胡蘿蔔…1/4條
甜辣醬…適量

作法

1 雞柳去筋後抹上鹽、胡椒、酒抓勻。放入耐熱容器中，微波加熱3分鐘，若還沒熟就再加熱1分鐘，放涼後用手撕開。
2 用刨絲器將胡蘿蔔刨細絲。
3 越南米紙過水，再依序加入生菜、1、2、紫蘇葉後捲起來。
4 盛盤，佐甜辣醬食用。

加入滿滿的起司，份量感UP！

焗烤梅子雞柳

材料（2人份）

雞柳…6條
鹽・胡椒…各少許
酒…1大匙
梅肉…15～20克
披薩用起司…50克
小番茄…4顆

作法

1 雞柳去筋後對半片開但不切斷，撒上鹽、胡椒、酒抓勻，表面抹上梅肉。
2 烤盤上鋪一張鋁箔紙，將1排入盤中，撒上起司，烤6～7分鐘。
3 盛盤，旁邊放切對半的小番茄。

食材營養memo

豬肉含有豐富的維生素B_1，是醣質轉換成熱量時不可或缺的營養素，也有消除疲勞的效果。

番茄和柚子醋醬油的清爽味道！

柚子醋炒番茄豬里肌

菜單範例

- 配菜 → P150
  蟹肉棒起司涼拌高麗菜
- 湯品
  韭菜味噌湯
  材料和作法（2人份）
  將高湯400毫升、切斜薄片的蔥白加入鍋中，開中火。湯滾後加入3公分段的韭菜20克，最後再加入1又1/2大匙味噌，將味噌攪散均勻即可。
- 主食
  白飯…160克

材料（2人份）

豬里肌肉塊…200克
鹽・胡椒…各少許
番茄…1大顆
A 蒜泥…1瓣
A 柚子醋醬油…3大匙
沙拉油…1大匙
粗粒黑胡椒粉…適量

作法

1. 豬肉切1公分厚，用菜刀刀背敲打斷筋後，撒上鹽、胡椒抓勻。番茄切6等分的月牙形。
2. 沙拉油加入平底鍋中，開中火加熱，加入豬肉煎熟。肉熟了後再加入**A**及番茄快速拌炒一下。
3. 盛盤，撒上粗粒黑胡椒粉。

memo 豬肉的維生素B_1使身心都健康！

口感軟嫩多汁的里肌，是豬肉中脂肪最少的部位，且富含維生素B_1。當缺少此營養素時，會影響到身體和腦，產生倦怠、注意力無法持續等情形。務必從飲食中攝取。

19.8克

207卡	熱量
10.1克	醣質
9.3克	脂質

蛋白質

柚子醋炒番茄豬里肌／1人份

小茴香煎豬里肌

香料×檸檬的爽口滋味

保存期間

冷藏 **4～5** 日

材料（2人份）

豬里肌肉塊…200克
鹽…1/3小匙
胡椒…少許
小茴香（一枝或是粉狀）…1小匙
橄欖油…1大匙
貝比生菜（若有）・檸檬（切月牙形）
…各適量

作法

1 豬肉切1公分厚，用菜刀刀背敲打斷筋後，撒上鹽、胡椒、小茴香抓勻。
2 橄欖油加入平底鍋中，開中火加熱，將1排放在鍋中，兩面各煎2～3分鐘至熟。
3 盛盤，一同擺上貝比生菜和檸檬。

memo

小茴香是提出咖哩香味不可缺少的辛香料之一。含有維生素和香味，少量即是決定美味的關鍵，還能抑制醣質和鹽分吸收。

熱量	醣質	脂質	蛋白質
299卡	9.7克	18.4克	22.3克

簡單的沙拉帶出肉的鮮美

涮豬肉豆腐沙拉

材料（2人份）

豬腿肉（火鍋肉片）…200克
嫩豆腐…150克
萵苣…4葉
蘿蔔嬰…20克
番茄…1小顆

A
柚子醋醬油…2大匙
芝麻油…1大匙
白芝麻…1小匙

作法

1 煮一鍋沸水汆燙豬肉片，肉熟後放入冷水中，冷卻後瀝掉水分。
2 手撕萵苣，豆腐瀝掉水分後再用手剝小塊。切掉蘿蔔嬰的根部，番茄切6等分的月牙形。
3 將萵苣、豆腐、番茄、1盛入盤中，淋上拌勻的A，撒上蘿蔔嬰。

拌麵或拌飯也好吃！

燉豬肉蔬菜

材料（2人份）

豬腿肉（切小塊）…200克
鵪鶉蛋（水煮）…6～8顆
胡蘿蔔…1/4條
白菜…250克
鴻禧菇…80克
芝麻油…2小匙
太白粉水…太白粉2小匙+水4小匙

A
水…200毫升
雞湯粉…1大匙
酒…1小匙
醬油・砂糖…各1/2小匙

作法

1 胡蘿蔔去皮切片，白菜切3～4公分。鴻禧菇去掉根部後剝散。
2 芝麻油加入平底鍋中，開中火加熱，加入豬肉和1拌炒。蔬菜炒軟了後再加入鵪鶉蛋、A煮1～2分鐘。
3 加入太白粉水，邊煮邊攪拌至濃稠。

熱量	醣質	脂質	蛋白質
314卡	15.7克	17.2克	21.9克

21.9克 蛋白質

264卡 熱量

14.3克 醣質

12.0克 脂質

小茴香炒大豆牛肉／1人份

牛瘦肉

食材營養memo

富含鐵和鋅，能有效預防貧血、消除疲勞。其胺基酸評分為100，是質量非常好的蛋白質。

大豆的鬆軟為口感加分！

小茴香炒大豆牛肉

菜單範例

- 配菜 →P152
  小松菜炒鮪魚
- 湯品
  萵苣湯

材料和作法（1人份）

將1片萵苣手撕小片加入碗中，接著再加入2大匙綜合三色豆（冷凍）、1小匙高湯粉，倒入150毫升沸水拌勻，以鹽、胡椒調味。

保存期間

冷藏 **4～5**日

材料（2人份）

牛瘦肉片…200克
蒜頭・薑…各1瓣
小茴香（整粒）…1小匙
洋蔥（切薄片）…1/2顆
大豆罐頭（水煮）…50克
A
番茄醬…2大匙
咖哩粉…1/2大匙
高湯粉…1小匙
鹽・胡椒…各適量
橄欖油…1大匙

作法

1. 蒜頭和薑切末。
2. 橄欖油、1、小茴香加入平底鍋中，開小火加熱爆香，再加入牛肉片、洋蔥拌炒。
3. 洋蔥炒軟後加入瀝掉水分的大豆快炒一下，接著加入A拌勻，最後再以鹽、胡椒調味。

memo 白胺酸含量名列前矛 增肌更有效！

牛肉所含的胺基酸中，有大量能夠提高合成肌肉蛋白的白胺酸，是有效增加肌肉的食材。若選瘦肉的部位，就是一道低脂肪美食。

牛肉半敲燒

越嚼越美味！享受大口吃肉的滋味！

保存期間

冷藏 **3** 日

材料（容易做的份量）

瘦牛腿肉塊…500克
鹽…1/2小匙
胡椒…少許
A 醬油・酒・味醂…各2大匙
A 蒜泥…1小匙
沙拉油…1大匙
貝比生菜…適量
紫洋蔥（切薄片）…1/4顆
薑泥・柚子胡椒…各適宜

作法

1 將牛肉回到常溫，抹上鹽、胡椒。
2 沙拉油加入平底鍋中，開大火加熱，放入1將兩面各煎50秒。
3 將拌勻的A倒入2中，蓋上蓋子，轉小火燜煎2～3分鐘（加熱到中心溫度達55～60度）
4 將3連湯汁一起放入調理盤中，蓋上鋁箔紙，放涼後再放進冰箱冷藏。
5 將牛肉切薄片盛盤，旁邊放貝比生菜、紫洋蔥，可依個人喜好在湯汁中加入薑泥、柚子胡椒。

memo

若沒有料理用溫度計，可用針等尖銳的東西插入肉的中心確認熱了沒。

259卡 熱量
10/1克 醣質
12.6克 脂質
23.9克 蛋白質

以牛肉和納豆組合的高蛋白質美食！

牛肉納豆炒辛奇

材料（2人份）

牛瘦肉片…200克
納豆…1盒
韭菜…50克
辛奇…150克
醬油…1/2大匙
鹽．胡椒…各適量
芝麻油…1大匙

作法

1 韭菜切3～4公分。
2 芝麻油加入平底鍋中，開中火加熱，接著加入牛肉和辛奇拌炒。
3 炒到肉變色後再加入納豆和1一起拌炒，淋上醬油，再以鹽、胡椒調味。

*編註：2021年大韓民國（南韓）正式將韓式泡菜正名為辛奇（kimchi）。

快炒彩椒營養價值UP！

醬炒牛肉彩椒

材料（2人份）

牛瘦肉片…200克
紅彩椒…1個
蒜泥．麵粉…各1小匙
伍斯特醬…2大匙
酒…1大匙
鹽．胡椒…各適量
橄欖油…1大匙

作法

1 彩椒去籽和蒂頭，切細絲。
2 橄欖油加入平底鍋中，開中火加熱，接著加入牛肉片拌炒。
3 炒到肉變色後加入1、蒜泥快速拌炒一下再撒上麵粉。加入伍斯特醬、酒拌炒，最後再以鹽、胡椒調味。

保存期間
冷藏 3～4 日

248卡 熱量
17.3克 醣質
10.4克 脂質
19.0克 蛋白質

絞肉

食材營養memo

牛、豬、雞、牛豬綜合等絞肉種類，以其美味及營養價值來選即可。因快熟，料理時間也很短。

起司豆腐漢堡排

融入牛肉的鮮味！
搭配蔬菜提升營養均衡

菜單範例

- 配菜 → P148
  番茄魩仔魚
- 湯品 → P144
  櫻花蝦豆腐味噌湯
- 主食
  白飯…160克

保存期間

冷藏 **4～5** 日

材料（2人份）

牛瘦絞肉…150克
豆腐（壓碎）…80克
起司片…2片
洋蔥（切末）…1/4顆
蛋液…1顆
A 鹽…1/3小匙
A 胡椒・肉豆蔻（若有）…各少許
酒…2大匙
沙拉油…1大匙
四季豆…8～10根
玉米粒…6大匙

作法

1. 豆腐加入耐熱容器中，蓋上保鮮膜，微波加熱1分鐘以去除水分，放涼備用。
2. 絞肉、洋蔥、蛋液、A、1加入調理碗中攪拌揉捏均勻，分2等分，塑形成圓扁狀。
3. 將沙拉油加入平底鍋，開中火加熱，放入2，將漢堡排兩面煎熟。
4. 將去蒂頭的四季豆加入3中一起煎，接著加入酒，蓋上蓋子，轉小火繼續燜煎。
5. 漢堡排煎熟後在上面放起司片，加入玉米粒稍微煮一下。關火，蓋上蓋子，起司完全融化後再盛盤。

以豆腐減醣＆增量！
memo 口感豐富的大滿足料理

加入豆腐做漢堡排，同時實現了減醣和攝取植物性蛋白質。而且豆腐能增量，牛絞肉又有彈性，是份量充足的一道美食。放上起司更顯濃郁，配菜就選口感清爽的蔬菜。

起司豆腐漢堡排／1人份

蛋白質	23.5克
熱量	331卡
醣質	13.6克
脂質	17.3克

凍豆腐鑲肉

吸飽甜鹹湯汁超美味

材料（8個份）

雞絞肉…100克
高野凍豆腐…4個
A 蔥花…30克
A 薑泥…1小匙
A 鹽．胡椒…各少許
太白粉…適量
B 醬油．酒．味醂…各2大匙
B 砂糖…1大匙
B 水…300毫升
沙拉油…1大匙
蔥花…適量

作法

1 凍豆腐泡水，泡軟後再擠乾水分。橫切對半，切口中間劃一刀但不切斷。
2 將雞絞肉、A加入調理碗中拌勻後分8等分，鑲入1的切口內，整個撒上太白粉。
3 沙拉油加入平底鍋中，開中火加熱，將2排入鍋中，輪流煎兩面，再加入B。蓋上蓋子留一點縫，煮10分鐘。
4 連同湯汁一起盛盤，撒上蔥花。

memo

雞絞肉有著高蛋白質、低醣質的特點，以及富含促進脂肪代謝的維生素B_2和維生素B_6。是瘦身、鍛鍊肌肉的最佳食材。

微波爐就能做的無負擔香腸

雞肉豆腐香腸

材料（6條）

板豆腐…100克（確實瀝乾水分後約剩70克）

A
- 雞絞肉…200克
- 雞湯粉・檸檬汁・太白粉・乾燥羅勒（若有）…各1小匙
- 鹽・胡椒…各少許

貝比生菜・黃芥末籽醬…各適量

作法

1 瀝乾水分的豆腐加入調理碗中搗碎，加入A拌勻。

2 將1分成6等分，分別用保鮮膜包成棒狀，整齊地放入耐熱容器中，微波加熱3～4分鐘到熟為止。

3 稍微放涼後取下保鮮膜，盛盤，旁邊放貝比生菜、黃芥末籽將搭配食用。

memo

用微波爐做沒有外衣的雞絞肉豆腐香腸，健康而且富含高蛋白質。為避免破裂，保鮮膜包起的兩端不要封緊。

奶香濃湯水餃

充滿奶香味的濃湯搭配芫荽令人驚艷

材料（10～12個份量）

雞絞肉…160克
A
- 韭菜（切末）…50克
- 脫脂牛奶…3大匙
- 蒜泥・薑泥・醬油・芝麻油…各1小匙
- 鹽・胡椒…各少許

餃子皮…10～12張
B
- 牛奶…200毫升
- 雞湯粉…2小匙

粗粒黑胡椒粉・辣油…各適量
芫荽…適量

作法

1. 將雞絞肉、A加入調理碗中拌勻。
2. 將1分成10～12等分，分別放在餃子皮上，餃子皮邊緣沾點水包起來。
3. 煮一鍋沸水，放入2煮2～3分鐘，瀝掉水分、盛盤。
4. 將B加入另一個鍋中開中火，煮滾後倒進水餃中。再撒上黑胡椒粉、淋上辣油、放上芫荽即可。

memo

牛奶或是脫脂牛奶中含有身體不可欠缺的鈣。平常很少喝牛奶的人，可藉由料理享受牛奶的濃醇香。

溫醇豆漿與肉醬的完美組合！

豆腐豆漿擔擔鍋

材料（2人份）

豬瘦絞肉…200克
板豆腐…1塊（350克）
綠豆芽…1袋
韭菜…50克

A
- 蒜泥・薑泥…各1瓣
- 白芝麻・味噌…各1大匙
- 醬油・豆瓣醬…各1小匙

水・豆漿…各400毫升
雞湯粉…1大匙

作法

1. 將絞肉、A加入耐熱容器中拌勻，蓋上保鮮膜微波加熱3分鐘後取出，攪拌一下再蓋上保鮮膜微波加熱30秒～1分鐘，再次攪拌一下，做成肉醬。
2. 豆腐切8等分，韭菜切3～4公分。
3. 將水、雞湯粉、豆腐、綠豆芽加入鍋中，開中火煮。
4. 綠豆芽熟了後再加入豆漿、韭菜，再放上1，煮滾即完成。

memo

購買豬絞肉時，盡量選擇瘦肉較多的，為自己健康把關。因沒有特殊味道，調味料能滲入到肉裡，做成味道鮮美的肉醬。

28.9克

470卡	熱量	
21.2克	醣質	
28.3克	脂質	蛋白質

照燒鰤魚油豆腐／1人份

切片魚

食材營養memo
鰤魚富含能促進鈣吸收的維生素D，更含有EPA和DHA等魚油。

照燒鰤魚油豆腐

鰤魚的油脂與鹹甜醬汁超下飯

菜單範例

■ 配菜 → P155
荷蘭豆魩仔魚炒蛋

■ 湯品
蔬菜湯
材料和作法（1人份）
將400毫升的水、20克切小丁的胡蘿蔔、1/4顆洋蔥、50克高麗菜、2小匙高湯粉加入鍋中，開中火煮到蔬菜軟後，再以適量的鹽、胡椒調味。

■ 主食
白飯…160克

保存期間
冷藏 **3～4**日

材料（2人份）

鰤魚（切片）…2片
鹽…少許
太白粉…適量
糯米椒…6～8條
油豆腐…小的1塊（150克）

A
水…100毫升
砂糖…1大匙
醬油・酒・味醂…各1大匙

沙拉油…1大匙

作法

1 鰤魚抹鹽靜置5分鐘後，再以廚房紙巾擦掉水分，撒上太白粉。
2 油豆腐切2～3公分塊狀。
3 沙拉油加入平底鍋中，開中火加熱，放入1煎熟兩面後再加入糯米椒一起煎。糯米椒煎出微焦色且軟了後先取出備用。
4 將2、A加入3中，開大火煮5分鐘，邊搖晃鍋子邊煮，好讓醬汁裹覆在魚上。
5 盛盤，放上3的糯米椒，即可食用。

memo 從青背魚攝取優質脂肪能預防疾病！

鰤魚等青背魚富含EPA和DHA，除了能有效抑制膽固醇及中性脂肪，因亦具有活化大腦的功能，有助於小孩的腦部發展、預防失智症，是可積極攝取的食材。而且鰤魚的小刺很少，吃得安心。

牛奶味噌煮鯖魚

牛奶和味噌的溫和滋味

材料（6片）

鯖魚（半片）…2片
薑（切薄片）…15克

A
- 味噌・酒・味醂…各2大匙
- 砂糖…1又1/2大匙
- 醬油…1小匙
- 牛奶…200毫升

作法

1. 鯖魚去骨後切3等分，放在篩網上，淋上熱水去腥。
2. 將1、薑、A加入鍋中，蓋上落蓋（或烘焙紙）開小火煮10分鐘。偶爾搖晃鍋子，煮到收汁即可。

memo

鯖魚富含幫助鈣吸收的維生素D。相較之下，是魚貝類中含量較多，也是打造柔軟身體、預防骨質疏鬆的重要營養素。

豆漿燉鮭魚

口感清爽的湯，令人愛不釋手！

材料（2人份）

鮭魚…200克
鹽・胡椒・麵粉…各適量
青花菜…120克
A
- 高湯粉…1小匙
- 蒜泥…1瓣
- 豆漿…400毫升

橄欖油…1大匙
粗粒黑胡椒粉・起司粉…各適量

作法

1 鮭魚縱切對半，撒上少許鹽，靜置5分鐘後用廚房紙巾擦掉水分，撒上少許胡椒粉，抹上麵粉。
2 青花菜分小朵。
3 將橄欖油加入平底鍋中開中火加熱，加入1煎熟兩面後，再加入2、A煮3～4分鐘。最後以鹽、胡椒調味。
4 盛盤，撒上粗粒黑胡椒粉、起司粉。

memo

鮭魚中的蝦紅素具有抗氧化作用，能預防皮膚出現皺紋和斑點、預防血管氧化、防止老化等。

放上羅勒，打造義大利風味！

香煎鰆魚佐莫札瑞拉起司

材料（2人份）

鰆魚（切片）…2片
鹽…少許
麵粉…適量
橄欖油…1大匙
粗粒黑胡椒粉・羅勒
…各適量

A
莫札瑞拉起司
…1塊（100克）
小番茄…10顆
橄欖油…2大匙
檸檬汁…1小匙
蒜泥・鹽・胡椒
…各少許

作法

1 鰆魚抹鹽，靜置5分鐘後再拿廚房紙巾擦掉水分，撒上麵粉。
2 將莫札瑞拉起司切大塊，小番茄切對半。
3 將A加入調理碗中拌勻。
4 橄欖油加入平底鍋中，開中火加熱，放入1煎熟兩面。
5 盛盤淋上3，撒上粗粒黑胡椒粉和羅勒。

memo

鰆魚因含有豐富的鉀，能有效消水腫。當攝取過多的水分、鹽分時，可以吃香煎鰆魚來消腫。

美味超群的旗魚淋上鮮味塔塔醬

香煎旗魚佐塔塔醬

材料（2人份）

旗魚…2片
鹽・胡椒・麵粉…各適量
水煮蛋…2顆
蒜頭（切薄片）…1瓣
檸檬汁…2小匙
奶油…10克
洋蔥…1/8顆
醋漬薑片（市售）
…2大匙（30克）
A 豆漿…3大匙
A 美乃滋…2大匙
A 檸檬汁…1大匙
A 鹽・胡椒…各少許
橄欖油…1大匙
義大利香菜…適量

作法

1 洋蔥切末、泡水，再瀝掉水分。醋漬薑片切碎末。
2 水煮蛋、1、A加入調理碗中，將蛋搗碎、拌勻。
3 旗魚抹鹽和胡椒，兩面撒上麵粉。
4 將橄欖油、蒜片加入平底鍋中開小火，蒜片煎到變色後取出備用。加入3轉中火，兩面煎熟後再加入檸檬汁、奶油讓魚均勻地裹上奶油和檸檬汁。
5 盛盤，撒上蒜片、淋上2，再用義大利香菜點綴。

海鮮類

食材營養memo

綜合海鮮中的蝦子和花枝含高蛋白質，蛤蜊富含鐵。冷凍則可保存久一些。

焗烤豆漿海鮮白菜

豐盛的烤白菜帶來滿滿的飽足感！

菜單範例

- **配菜** → P155
  番茄燉大豆鮪魚
- **湯品**
  昆布茶湯
  材料和作法（1人份）
  將1小匙昆布茶、3克昆布絲、2～3片切小段的鴨兒芹加入碗中，接著注入150毫升的沸水拌勻即可。

材料（2人份）

綜合海鮮（冷凍）…200克
披薩用起司…80克
白菜…300克
蒜頭（切末）…1瓣
麵粉…3大匙
豆漿…300毫升
高湯粉…1小匙
鹽・胡椒…各適量
橄欖油…1大匙

作法

1. 解凍綜合海鮮，白菜切3～4公分塊狀，備用。
2. 橄欖油加入平底鍋中，開中火加熱，加入蒜末、白菜拌炒。白菜炒軟後加入海鮮一起炒，接著撒上麵粉。
3. 將豆漿、高湯粉加入2中，邊用炒菜鏟攪拌邊煮4～5分鐘至濃稠。最後再以鹽、胡椒調味。
4. 將3倒入耐熱容器中，撒上披薩用起司，放進烤箱烤10分鐘。

memo 大量使用低熱量的白菜來增加份量！

若只有綜合海鮮總少了點份量感，加入大量白菜就有滿滿的飽足感。因不使用白醬，醣質也大幅減少。撒上大量起司的義式組合，和燉番茄也相當搭配。

26.0克 蛋白質

363卡 熱量

24.4克 醣質

17.1克 脂質

焗烤豆漿海鮮白菜／1人份

章魚高麗菜拌鯷魚

鯷魚的鹹味留下滿口美味

材料（2人份）

章魚…130克
高麗菜…150克
A 鯷魚（切末）…15克
A 蒜泥…少許
鹽・胡椒・粗粒黑胡椒粉…各適量

作法

1 章魚汆燙至熟，切薄片。
2 高麗菜切3～4公分，加入耐熱容器中，蓋上保鮮膜，微波加熱2～3分鐘，高麗菜軟了後再加入**A**拌勻。
3 將**1**、**2**加入調理碗中拌勻，以鹽、胡椒調味。
4 盛盤，撒上粗粒黑胡椒粉。

memo

章魚、花枝、貝類中含有豐富的牛磺酸，具有消除疲勞的效果。建議特別疲累那天的晚餐，選擇高蛋白質、低醣質料理。

190卡	熱量
17.0克	醣質
1.1克	脂質
16.3克	蛋白質

韓式的甜辣風味！

辣醬花枝竹輪

材料（2人份）

花枝（冷凍）…150克
竹輪…4條

A
- 韓國辣椒醬…1又1/2大匙
- 番茄醬・酒…各1大匙
- 蜂蜜…1小匙
- 醬油…1/2小匙
- 蒜泥…少許

作法

1 解凍花枝，切片。
2 煮一鍋沸水，快速汆燙1後瀝乾。竹輪切2公分寬的圓片。
3 將A加入平底鍋中開小火，一邊攪一邊煮，煮滾後再加入2快速拌勻。

這道經典組合，
可以配飯也可以當作小菜！

花枝辛奇納豆

材料（2人份）

花枝（生食用・切細長條）…120克
辛奇…100克
納豆…1盒
白芝麻…適量

作法

1 將花枝、辛奇、納豆和納豆附的醬油一起加入調理碗中，充分拌勻。
2 盛盤，撒上白芝麻。

112卡	熱量
6.6克	醣質
2.9克	脂質
13.2克	蛋白質

203卡	熱量	14.7克	
5.7克	醣質		
13.1克	脂質		蛋白質

85卡	熱量	9.7克	
5.0克	醣質		
2.8克	脂質		蛋白質

生魚片

食材營養memo

干貝含有豐富牛磺酸，有助於恢復疲勞、以及預防貧血不可或缺的維生素B_{12}。

蔥花碎鮭魚／生拌甜蝦干貝

快速改造生魚片，增添口感層次的變化

蔥花碎鮭魚

材料（2人份）

鮭魚（生魚片用）…160克
青蔥…1/4枝
A 味噌…1大匙
A 薑泥・醬油…各1小匙
紫蘇葉…1片

作法

1. 用菜刀切碎鮭魚。青蔥切蔥花。
2. 將1、A加入調理碗中拌勻。
3. 紫蘇葉鋪在盤中，在上面放2。

生拌甜蝦干貝

材料（2人份）

甜蝦（生食用）…50克
干貝（生食用）…80克
海帶芽（乾燥）…3克
A 醬油・芝麻油…各1小匙
A 豆瓣醬…1/4小匙
鵪鶉蛋…1顆
白芝麻…適量

作法

1. 去掉蝦殼，海帶芽泡水，干貝對半切備用。
2. 將1、A加入調理碗中拌勻。
3. 盛盤，中間挖個洞、打入鵪鶉蛋，撒上白芝麻即可食用。

memo 不需加熱的生魚片是簡單高蛋白質的食材

生魚片是一回到家馬上就能享用的蛋白質食材。加點味噌或是豆瓣醬，就成了超下飯的配菜或下酒菜。也能避免吃膩的煩惱，享受變化的樂趣。

279卡	熱量
9.9克	醣質
15.1克	脂質
25.8克	蛋白質

義式嫩煎咖哩鮪魚

重點在重複沾蛋液再煎

材料（2人份）

鮪魚…200克
鹽…1/3小匙
胡椒…少許
咖哩粉…1小匙
麵粉…適量
蛋液…1～2顆
橄欖油…2大匙
綜合沙拉（市售）…適量

作法

1 鮪魚切1公分厚，撒上鹽、胡椒、咖哩粉，再抹上麵粉。
2 橄欖油加入平底鍋中，開中火加熱，先將1沾了蛋液再下鍋煎，兩面都煎一下。接著再沾一次蛋液再下鍋煎，重複此動作，煎到魚肉熟透。
3 盛盤，旁邊放綜合沙拉一起食用。

memo

鮪魚中的白胺酸含量相當多，有助於肌肉合成。同時具有促進瘦身荷爾蒙分泌內作用，建議想減肥的人可以多吃。

蘿蔔泥燉鯛魚豆皮

鯛魚湯加上油炸豆皮提升層次，成就一道滋味深厚的佳餚

材料（2人份）

鯛魚片…120～150克
油炸豆皮…1片
A
- 白高湯…2大匙
- 醬油…1小匙
- 水…200毫升

四季豆…8～10根
蘿蔔泥（瀝掉水分）…100克

作法

1 油炸豆皮切2公分寬，四季豆去絲再斜切3公分段。
2 將A加入平底鍋中開中火，煮滾後再加入鯛魚片、1煮3～4分鐘。
3 將蘿蔔泥加入2中繼續煮2～3分鐘。

memo

高蛋白質、低油脂的鯛魚容易消化吸收，更含有維生素D、維生素B_1、牛磺酸、鉀等，營養相當均衡。相當適合應用於各種料理中。

520卡 熱量
26.2克 醣質
29.4克 脂質
34.0克 蛋白質

連骨頭都能吃，是相當好的鈣補給！

甘醋漬鯖魚

材料（2人份）

鯖魚罐頭（水煮）…2罐（190克×2）
太白粉…適量
A 醋…3大匙
A 砂糖・醬油・味醂…各1又1/2大匙
A 辣椒（切圓片）…1根
沙拉油…2大匙

作法

1 瀝掉鯖魚罐頭裡的湯汁，切一口大小，抹上太白粉。
2 沙拉油加入平底鍋中，開中火加熱，接著加入1煎一下。
3 將A加入耐熱容器中，蓋上保鮮膜，微波加熱1～2分鐘。
4 將2加入3中，醃漬1小時以上。

鯖魚罐頭和美乃滋超對味！

鯖魚涼拌羊棲菜

材料（2人份）

鯖魚罐頭（水煮）…1罐（190克）
羊棲菜（乾燥）…20克
玉米罐頭…4大匙
A 美乃滋…2大匙
A 醋・醬油…各1/2大匙
鹽・胡椒…各適量

作法

1 羊棲菜泡水後擰掉水分。
2 將瀝掉湯汁的鯖魚加入調理碗中，接著加入1、玉米、A拌勻，最後再以鹽、胡椒調味。

保存期間
冷藏 3～4日

284卡 熱量
9.2克 醣質
17.8克 脂質
18.2克 蛋白質

濃郁的鮪魚罐頭增添飽足感

鮪魚蛋三明治

材料（1～2人份）

鮪魚罐頭（油漬）…1罐（70克）
奶油起司…3大匙
水煮蛋…1顆
土司…2片
萵苣…1～2片

作法

1 鮪魚瀝掉油，加入奶油起司拌勻。水煮蛋切圓片。
2 將1、萵苣鋪在一片吐司上面，再用另一片吐司夾起來，用保鮮膜包緊。食材之間都彼此貼合後，再切成容易食用的大小。

※因三明治的內餡多，可於作法1中再加1顆水煮蛋再對半切，用4片吐司做成兩份。

用營養滿滿的蒲燒醬來提味！

秋刀魚炒蛋

材料（2人份）

秋刀魚罐頭（蒲燒）…1罐（80克）
蛋液…2顆
牛奶…1小匙
鹽・胡椒・粗粒黑胡椒粉…各適量

作法

1 將蛋液、牛奶加入耐熱容器中拌勻，接著再將秋刀魚撥散連湯汁一起加入。
2 蓋上保鮮膜，微波加熱1分30秒，取出拌勻後再蓋上保鮮膜，繼續加熱30～40秒，以鹽、胡椒調味。
3 盛盤，撒上粗粒黑胡椒粉。

一口接一口的下酒菜！

烤雞肉起司燒

材料（1人份）

烤雞肉罐頭…1罐（75克）
披薩用起司…12克
蔥花…適量

作法

1 打開烤雞肉罐頭，撒上披薩用起司，放進烤箱烤5分鐘。
2 撒上蔥花即可食用。

油豆腐和烤雞肉罐頭的雙份蛋白質！

雞肉油豆腐披薩

材料（2片份）

烤雞肉罐頭…1罐（75克）
油豆腐…1塊
番茄醬…2小匙
豆瓣醬…1/2小匙
青椒…1/2顆
披薩用起司…40克

作法

1 油豆腐橫切對半。
2 青椒切圓片。
3 將番茄醬、豆瓣醬薄薄地塗抹在1上，接著再放上烤雞肉、2、披薩用起司，放進烤箱烤6～7分鐘。

徹底瀝掉豆腐的水分，
加入少許的調味料！

大豆菠菜拌豆腐

材料（1～2人份）

大豆罐頭（水煮）…100克
板豆腐…150克
（瀝掉水分後約為90克）
菠菜…1把（200克）

A
- 砂糖・白芝麻…各1大匙
- 薄口醬油…2小匙
- 鹽…少許

作法

1. 將瀝乾水分的板豆腐加入調理碗中，用打蛋器打散後再加入A拌勻。
2. 煮一鍋沸水，汆燙菠菜1分鐘，擰乾水分後切3～4公分段。
3. 將2、大豆加入1中拌勻。

也適合當作便當菜！

大豆拌羊棲菜

材料（2人份）

大豆罐頭（水煮）…1罐（120克）
油炸豆皮…1片（30克）
羊棲菜芽（乾燥）…15克
胡蘿蔔…1/4條

A
- 麵味露（3倍濃縮）…3大匙
- 砂糖…1大匙
- 水…6大匙

作法

1. 羊棲菜泡水後擰乾。油炸豆皮和胡蘿蔔切條。
2. 將1、大豆、A加入耐熱容器中，蓋上保鮮膜，微波加熱5～6分鐘。取出拌勻後放涼會較入味。

各種美味的高蛋白生蛋拌飯（請挑選可生食的雞蛋）

佃煮昆布醃梅乾

材料和作法（1人份）

飯碗中盛入適量白飯，挖個洞打入1顆生蛋。旁邊再放上適量佃煮昆布和醃梅乾。

325卡	熱量
55.5克	醣質
5.1克	脂質
9.1克	蛋白質

柴魚片起司

材料和作法（1人份）

飯碗中盛入適量白飯，挖個洞打入1顆生蛋。生蛋四周再放上20～30克切塊的起司和2克柴魚片，淋上適量醬油。

377卡	熱量
54.1克	醣質
9.9克	脂質
14.1克	蛋白質

韓式辣拌韭菜

材料和作法（1人份）

1 將30克韭菜切3～4公分段，加入耐熱容器中，蓋上保鮮膜，微波加熱1分～1分30秒，接著加入1/2小匙豆瓣醬拌勻。

2 飯碗中盛入適量白飯，挖個洞打入1顆生蛋，放上1，淋上適量醬油。

9.4克	蛋白質
315卡	熱量
54.6克	醣質
5.0克	脂質

櫻花蝦蔥花高湯

材料和作法（1人份）

飯碗中盛入適量白飯，挖個洞打入1顆生蛋。接著放上1大匙櫻花蝦和適量蔥花，淋上適量白高湯。

9.7克	蛋白質
313卡	熱量
54.1克	醣質
5.0克	脂質

玉米鮪魚

材料和作法（1人份）

飯碗中盛入適量白飯，挖個洞打入1顆生蛋。生蛋四周放2大匙瀝掉水分的水煮鮪魚（水煮），撒上1大匙玉米罐頭的玉米，淋上適量醬油。

410卡	熱量
58.8克	醣質
10.2克	脂質
16.1克	蛋白質

338卡	熱量
56.6克	醣質
5.2克	脂質
13.1克	蛋白質

納豆芥末白芝麻

材料和作法（1人份）

飯碗中盛入適量白飯，納豆和附的醬油拌勻後放在飯上，挖個洞打入1顆生蛋。旁邊放1/2小匙芥末，撒上適量白芝麻。

314卡	熱量
54.2克	醣質
5.0克	脂質
10.0克	蛋白質

魩仔魚蔥花

材料和作法（1人份）

飯碗中盛入適量白飯，挖個洞打入1顆生蛋。周圍撒上1大匙熟魩仔魚、適量蔥花和醬油。

9.4克	蛋白質
335卡	熱量
59.6克	醣質
5.1克	脂質

韓國海苔鹽麴

材料和作法（1人份）

飯碗中盛入適量白飯，挖個洞打入1顆生蛋。旁邊放1～2片韓國海苔、2小匙鹽麴，淋上適量醬油。

食材營養memo

雞蛋含有眾多營養素，亦有「完全營養食材」之稱。料理的種類相當豐富。

烘蛋風歐姆蛋

可作為主食的料多歐姆蛋！

菜單範例

- **配菜** → P140
  繽紛三色豆渣沙拉
- **湯品**
  醋漬水雲湯
  材料和作法（1人份）
  將1盒醋漬水雲（市售）、1/2小匙雞湯粉、適量白芝麻加入容器中，倒入100毫升的水，蓋上保鮮膜，微波加熱2分鐘。最後再淋上適量辣油。

材料（2人份）

蛋液…4顆
培根…2片
披薩用起司…30克
南瓜…200克
洋蔥…1/4顆
牛奶…1大匙
高湯粉…1小匙
鹽・胡椒…各適量
沙拉油…1大匙
番茄醬…適宜

作法

1. 南瓜和洋蔥切小丁，加入耐熱容器中，蓋上保鮮膜，微波加熱3～4分鐘。取出拌勻，接著再加入切細絲的培根，蓋上保鮮膜，微波加熱1分鐘。
2. 將蛋液、牛奶、高湯粉、鹽、胡椒、披薩用起司加入1中拌勻。
3. 沙拉油倒入小平底鍋（直徑20公分）中，開中火加熱，倒入2。用筷子繞大圈攪拌，待呈半熟狀時再蓋上蓋子，轉小火燜煎。約8分熟時，上下翻面，繼續煎熟。
4. 關火稍微放涼後，再切成容易食用大小，盛盤，依個人喜好淋上番茄醬。

memo 每日飲食中一點一點地加入高營養價值的雞蛋

蛋的胺基酸評分為100，是營養均衡的優良蛋白質食材。除了作為主食，也可做成蛋花湯、生蛋拌飯（P120）等，請積極地攝取吧。搭配植物性蛋白質配菜一起吃，能增加飽足感！

397卡	熱量
24.9克	醣質
24.4克	脂質
17.6克	蛋白質

烘蛋風歐姆蛋／1人份

117卡	熱量
4.7克	醣質
8.4克	脂質
4.9克	蛋白質

韓式魩仔魚煎蛋

促進食慾的芝麻油香！

材料（2人份）

A 蛋液…2顆
A 鹽…1小撮

青蔥…1/4把（25克）
胡蘿蔔…1/3條
魩仔魚…2大匙
芝麻油…1大匙
B 柚子醋醬油・豆瓣醬・白芝麻…各適量

作法

1 青蔥切10公分段，胡蘿蔔用刨絲器刨絲備用。
2 芝麻油加入平底鍋中開中，火加熱，倒入拌勻的**A**、**1**、魩仔魚。蛋煎熟後翻面再繼續煎1分鐘。
3 將**2**切成容易食用大小後盛盤，**B**拌勻後盛入小碟中。

memo

翻面時在煎蛋上蓋一張烘焙紙，再將盤子倒扣在烘焙紙上，平底鍋翻面讓煎蛋倒在盤子上，接著將烘焙紙上的煎蛋滑入鍋中就能完美翻面了。

品嚐起司的簡單美味

包餡荷包蛋

材料（1人份）

蛋…1顆
火腿…1片
披薩用起司…1大匙
沙拉油・醬油・粗粒黑胡椒粉…各適量

作法

1 火腿切細丁。
2 沙拉油加入平底鍋中，開中火加熱，打入一顆蛋。等蛋白熟後再用鍋鏟將蛋黃攪散，接著放上1、披薩用起司後將蛋對折，煎熱兩面。
3 盛盤，淋上醬油，並撒上黑胡椒粉。

粒粒飽滿的毛豆口感

毛豆炒蛋

材料（2人份）

蛋液…2顆
毛豆（冷凍／解凍後從豆莢取出）…30克
A 鹽・胡椒…各適量
A 美乃滋…1小匙
沙拉油…適量

作法

1 將蛋液、毛豆、A加入調理碗中拌勻。
2 沙拉油加入平底鍋中，開中火加熱，倒入1拌炒至熟。

57卡	熱量	
3.5克	醣質	2.2克 蛋白質
3.4克	脂質	

品嚐清爽的芹菜風味

土耳其風小黃瓜優格湯

材料（2人份）

無糖優格・水…各100毫升
小黃瓜…1條
芹菜…50克
鹽…1/2小匙
蒜泥…1/2瓣
胡椒・橄欖油・薄荷葉（若有）…各適量

作法

1 小黃瓜切小丁，撒上1小撮鹽（份量外）靜置，待出水後擰掉水分。芹菜切粗末。
2 將1、優格、水、蒜泥、鹽加入調理碗中拌勻，撒上胡椒。
3 盛盤，淋上橄欖油，放上薄荷葉裝飾。

memo

雖然優格所含的蛋白質不是很多，但容易消化吸收、攝取效率佳，更是很好的鈣質補給品。

濃濃的黑芝麻香！

黑芝麻優格吐司

材料（4片份）

無糖原味優格
（瀝掉水分／或希臘優格）…80克
黑芝麻粉…1大匙
法國麵包（或吐司）…8公分
奶油・蜂蜜…各適量

作法

1 將優格、黑芝麻粉加入調理碗中拌勻。
2 法國麵包切2公分厚的斜片。先抹上奶油再抹1，放進烤箱烤3～4分鐘。
3 最後把蜂蜜淋在2上。

喜愛的蔬菜都可以！
享受蔬菜的清脆口感

味噌優格蔬菜棒

材料（2人份）

A
- 無糖優格…6大匙
- 味噌…3大匙
- 蜂蜜…1大匙

紅彩椒…1個
小黃瓜…1條

作法

1 將A加入調理碗中拌勻後，盛入小碟中。
2 彩椒去蒂頭和籽後切條狀，小黃瓜也切條狀，分別盛入盤中。
3 蔬菜棒蘸醬食用。

涼拌豆腐的變化料理

酪梨辛奇

材料和作法（1人份）

將150克瀝掉水分的豆腐盛盤，放上1/4顆切薄片的酪梨、30克辛奇，淋上適量醬油。

181卡	熱量
3.9克	醣質
12.2克	脂質
11.5克	蛋白質

鮪魚鵪鶉蛋芥末

材料和作法（1人份）

將150克瀝掉水分的豆腐盛盤，放上50克鮪魚泥，中間挖個洞打入鵪鶉蛋。旁邊放適量芥末，淋上適量醬油。

172卡	熱量
4.9克	醣質
7.7克	脂質
19.8克	蛋白質

芝麻風梅肉

材料和作法（1人份）

將150克瀝掉水分的豆腐盛盤，放上12克梅肉，淋上1小匙芝麻油、適量麵味露（3倍濃縮），撒上適量白芝麻。

156卡	熱量
3.0克	醣質
10.8克	脂質
10.4克	蛋白質

辣味榨菜蔥花

材料和作法（1人份）

將150克瀝掉水分的豆腐盛盤，放上20克榨菜，淋上適量的辣油、醬油，撒上蔥花。

126卡	熱量
1.7克	醣質
7.7克	脂質
10.7克	蛋白質

秋葵鹽昆布

材料和作法（1人份）

將150克瀝掉水分的豆腐盛盤。1～2根秋葵撒鹽，在砧板上來回滾動後洗淨燙熟，切星星狀，再和鹽昆布一起放到豆腐上，淋上適量醬油。

121卡	熱量
2.5克	醣質
6.8克	脂質
11.0克	蛋白質

125卡	熱量
3.5克	醣質
6.8克	脂質
10.4克	蛋白質

醋拌水雲昆布絲

材料和作法（1人份）

將150克瀝掉水分的豆腐盛盤，1盒（74克）醋拌水雲（市售）連湯汁一起倒在豆腐上，放上2克昆布絲。

120卡	熱量
2.0克	醣質
7.0克	脂質
10.5克	蛋白質

裙帶絲蔥花柚子醋醬油

材料和作法（1人份）

將150克瀝掉水分的豆腐盛盤，放上40克調好味道的裙帶絲和蔥花，淋上適量柚子醋醬油。

119卡	熱量
2.7克	醣質
6.8克	脂質
10.4克	蛋白質

番茄紫蘇葉柚子醋醬油

材料和作法（1人份）

將150克瀝掉水分的豆腐盛盤，放上1/4顆切小塊的番茄、切絲的紫蘇葉，淋上適量柚子醋醬油。

27.1克 蛋白質

310卡 熱量

10.4克 醣質

16.3克 脂質

豆腐蔬菜炒肉片／1人份

豆腐

食材營養memo

黃豆製品中所含的植物性蛋白質和動物性蛋白質組合在一起食用，就能調整胺基酸的均衡。

下飯的中式炒蔬菜料理

豆腐蔬菜炒肉片

菜單範例

- 配菜 → P151
  醬煮竹輪香菇
- 湯品
  牛蒡小松菜味噌湯
  材料和作法（2人份）
  將10公分牛蒡削皮斜切薄片、50克小松菜切3～4公分段，與400毫升高湯一起加入鍋中，開中火將蔬菜煮軟後再加入1又1/2大匙味噌。味噌要邊攪散邊加入。
- 主食
  白飯…160克

材料（2人份）

板豆腐…1塊（350克）
猪腿肉（切薄片）…150克
胡蘿蔔…1/4條
韭菜…30克
綠豆芽…1袋
雞湯粉・酒…各1大匙
鹽・胡椒…各適量
沙拉油…1大匙
粗粒黑胡椒粉…適量

作法

1. 豆腐切1公分厚、3～4公分四方形，放在廚房紙巾上10分鐘以吸乾水分。胡蘿蔔切條狀，韭菜切3公分段。
2. 豬肉切3公分寬，撒上鹽、胡椒醃製。
3. 沙拉油加入平底鍋中，開中火加熱，加入**2**拌炒。炒到肉變色後再加入胡蘿蔔、豆芽菜一起拌炒。
4. 接著先將豆腐、韭菜加入鍋中大致拌炒一下，再加入雞湯粉、酒拌炒，最後再以鹽、胡椒調味。
5. 盛盤，撒上黑胡椒粉。

memo 能確實攝取到植物性蛋白質的豆腐！

不僅要從魚、肉中攝取動物性蛋白質，也要從豆腐等攝取植物性蛋白質，才能營養均衡，這對健康飲食極為重要。再者，因植物性蛋白質容易消化吸收，可以更有效地攝取。

208卡	熱量	
12.1克	醣質	10.0克
11.6克	脂質	蛋白質

凍豆腐炒彩椒

營養素加倍的絕佳組合

材料（2人份）

高野凍豆腐…2塊
A 醬油・酒…各1小匙
太白粉…2小匙
青椒…4個
紅彩椒…1個
B 蠔油・味醂・酒…各2小匙
B 醬油…1小匙
芝麻油…1大匙

作法

1 凍豆腐泡水後擰乾水分，切0.8公分寬的條狀，以A調味，撒上太白粉。青椒和彩椒去蒂頭和籽，切細絲。
2 芝麻油加入平底鍋中，開中火加熱，加入1拌炒1～2分鐘後，再加入B一起拌炒入味，即可食用。

memo

此處使用的是日式高野凍豆腐，若沒有可以用其他豆腐取代。凍豆腐含有豐富的鈣，加上富含維生素C的青椒和彩椒，能提升鈣吸收率，營養均衡UP！

以豆腐取代吐司，營養價值UP！

凍豆腐雞蛋三明治

材料（4片份）

高野凍豆腐…2塊
水煮蛋…2顆
菠菜…50克
美乃滋…2大匙
奶油…15克

作法

1 凍豆腐泡水後擰乾水分，斜切對半，切口中間劃刀。
2 水煮蛋切碎，菠菜汆燙後切碎末。
3 將2、美乃滋加入調理碗中拌勻。
4 奶油加入平底鍋中，開中火加熱，加入1，兩面煎至金黃上色，將3夾入切口內。

memo

若想透過高蛋白質飲食瘦身，以控制醣質為佳。因吐司的醣質高，建議替換成豆腐。滲入奶油香氣的高野凍豆腐非常美味，若沒有，也可以換成其他豆製品。

164卡 熱量
3.8克 醣質
11.6克 脂質
9.6克 蛋白質

義大利鹽豆腐沙拉

瀝乾後的豆腐宛如起司般濃郁

材料（2人份）

嫩豆腐…1塊（350克）
鹽…1小撮
番茄…1顆
羅勒葉…適量
A 橄欖油…1大匙
A 鹽・蒜泥…各少許
粗粒黑胡椒粉…適量

作法

1. 嫩豆腐均勻撒上鹽，用廚房紙巾包起來，放進冷藏冰一個晚上，瀝乾水分備用。
2. 番茄切半月形，瀝乾水分的豆腐切成和番茄差不多大小的方形。
3. 依序在盤中放上豆腐、番茄、羅勒葉，淋上拌勻的**A**，並撒上粗粒黑胡椒粉即可。

memo

用瀝乾水分的豆腐取代莫扎瑞拉起司的卡布里沙拉。雖然起司是高蛋白質、低醣質的食材，但由於是動物性蛋白質，保持飲食均衡就顯得很重要。

唇齒留香的筍乾鹹味與口感！

豆漿筍乾豆腐

材料（1人份）

嫩豆腐…150克
無糖豆漿…50毫升
筍乾（切大丁）…20克
醬油・辣油・蔥花・粗粒黑胡椒粉
…各適量

作法

1 將嫩豆腐放入耐熱容器中，用竹籤戳幾個洞，倒入豆漿。蓋上保鮮膜，微波加熱1～2分鐘。
2 筍乾放在1上，淋上醬油、辣油，並撒上蔥花、粗粒黑胡椒粉。

131卡	熱量		
3.6克	醣質	10.1克	蛋白質
7.7克	脂質		

濃郁的酪梨和豆腐超搭！

蒜泥拌豆腐酪梨

材料（2人份）

板豆腐…150克
酪梨…1顆
A 醬油・芝麻油…各1小匙
A 蒜泥…少許
鹽…適量

作法

1 板豆腐瀝掉水分後捏散，酪梨去皮切1.5公分塊狀。
2 將1、A加入調理碗中拌勻，再以鹽調味。

199卡	熱量		
4.4克	醣質	6.4克	蛋白質
16.2克	脂質		

納豆的變化料理

酪梨納豆

材料和作法（1人份）

先將1盒納豆連同附的醬油、適量芥末加入碗中拌勻，接著再加入1/4顆切1.5公分塊狀的酪梨拌勻。

7.9克	蛋白質
161卡	熱量
6.2克	醣質
10.4克	脂質

鮪魚納豆

材料和作法（1人份）

先將1盒納豆連同附的醬油加入碗中拌勻，接著再加入50克切成一口大小的生食級鮪魚拌勻，撒上撕小片的韓國海苔。

18.5克	蛋白質
154卡	熱量
6.6克	醣質
5.3克	脂質

番茄納豆沙拉

材料和作法（1人份）

1 先將1盒納豆連同附的醬油加入碗中拌勻，接著再加入1/2顆切小丁的番茄、1大匙開水、1/2大匙醬油、各1小匙的醋、芝麻油、白芝麻拌勻。
2 將2片生菜撕小片、100克白蘿蔔去皮切絲，等加入碗中，最後加入1。

9.3克	蛋白質
184卡	熱量
10.3克	醣質
9.9克	脂質

小松菜黃芥末拌納豆

材料和作法（1人份）

1 煮一鍋沸水，將100克小松菜汆燙1分鐘後瀝乾水分，切3～4公分段。
2 將1盒納豆連同附的醬油、1、1/2小匙黃芥末、少許醬油加入碗中拌勻即可。

8.7克	蛋白質
111卡	熱量
5.2克	醣質
5.0克	脂質

醋拌海帶芽納豆

材料和作法（1人份）

將1盒納豆連同附的醬油、2大匙醋、1小匙砂糖、5克泡過水並瀝乾水分的海帶芽、1條小黃瓜切圓薄片後，用1/4小匙鹽抓醃後擰掉水分，皆加入碗中拌勻。

8.6克	蛋白質
137卡	熱量
10.4克	醣質
4.9克	脂質

山藥納豆

材料和作法（1人份）

將1盒納豆連同附的醬油、50克切細絲的山藥加入碗中拌勻，最後再撒上適量七味粉。

8.1克	蛋白質
129卡	熱量
11.2克	醣質
4.9克	脂質

納豆肉燥

材料和作法（1人份）

將100克雞絞肉、各1小匙的薑泥和蒜泥加入平底鍋中，開中火拌炒。雞絞肉炒散後再加入1盒納豆（連同附的醬油）、2小匙味醂、1小匙醬油、1/2小匙豆瓣醬拌炒。盛盤，旁邊放2～3片萵苣搭配食用。

27.4克	蛋白質
249卡	熱量
15.5克	醣質
6.5克	脂質

香菜納豆

材料和作法（1人份）

將1盒納豆連同附的醬油加入碗中拌勻，再放上適量香菜即可。

7.4克	蛋白質
97卡	熱量
4.1克	醣質
4.9克	脂質

食材營養memo

豆類含有熱量來源的醣值，以及蛋白質、維生素、礦物質等，營養素的種類相當豐富。

蒜炒綜合豆茄子

色彩豐富的綜合豆，令人食慾大開！

菜單範例

■ 配菜 → P100
奶香濃湯水餃

■ 主食
白飯…160克

材料（2人份）

水蒸綜合豆…120克
茄子…2條
蒜頭（切末）…1瓣
醬油…1大匙
鹽・胡椒…各適量
橄欖油…2大匙

作法

1 茄子切滾刀塊。
2 將橄欖油、蒜末加入平底鍋中開小火爆香，香味出來後轉中火加入**1**拌炒。炒到茄子呈現焦黃色再加入綜合豆一起拌炒。
3 醬油繞著鍋邊加入，再以鹽、胡椒調味即可。

memo 攝取美味的多種營養素！

綜合豆的固定班底有鷹嘴豆、綠豌豆、紅花豆。除了蛋白質外，更含有鉀、維生素B_1、鐵等各種營養素，重點是能同時攝取。市售品有水煮的也有乾燥的，能馬上使用非常方便。

211卡	熱量
14.1克	醣質
12.6克	脂質
5.7克	蛋白質

蒜炒綜合豆茄子／1人份

136卡	熱量	
3.7克	醣質	
10.1克	脂質	
3.2克	蛋白質	

繽紛三色豆渣沙拉

沾滿橄欖油的豆渣，口感溫潤

材料（4人份）

豆渣…150克
小黃瓜…1條
紫洋蔥…1/4顆
小番茄…6～8顆
毛豆（冷凍／已去豆莢）…30克
檸檬汁…1大匙
鹽…1小撮
胡椒…適量
橄欖油…3大匙

作法

1 將豆渣加入耐熱容器中，不須蓋保鮮膜，直接微波加熱3～4分鐘後，去掉水分。
2 小黃瓜切小丁，加1/4小匙鹽（份量外）抓醃，待出水後擰乾水分。紫洋蔥切粗末後泡水、瀝乾水分。小番茄切對半。
3 將2、毛豆、檸檬汁、橄欖油加入1中拌勻，最後再以鹽、胡椒調味。

利用綜合三色豆增添料理色彩

鮪魚優格豆渣沙拉

材料（2人份）

豆渣…200克
鮪魚罐頭（油漬）…1罐（70克）
小黃瓜…1條
綜合三色豆（冷凍）…50克
A 無糖優格・美乃滋…各2大匙
鹽・胡椒…各適量

作法

1 將豆渣加入耐熱容器中，不須蓋保鮮膜，直接微波加熱1分鐘以去掉水分。
2 解凍綜合三色豆。小黃瓜切薄圓片，加1/4小匙鹽（份量外）抓醃，待出水後擰乾水分。
3 將鮪魚連同醬汁、2、A一起加入1中拌勻，最後再以鹽、胡椒調味。

memo

三色豆和生鮮蔬菜比起來的營養價值差不多，而且簡單就能提升營養和色彩的豐富性。另外，它原本就是冷凍食品，能長期保存，少量使用也沒問題。

毛豆奶油醬佐法國麵包

適合當早餐、也是小點心！

188卡 熱量
10.8克 醣質
13.1克 脂質
5.8克 蛋白質

材料（4片份）

毛豆（冷凍）…20粒
法國麵包…8公分
奶油起司…80克
粗粒黑胡椒粉・起司粉…各適量

作法

1 法國麵包切2公分厚，放進烤箱（或平底鍋）稍微烤一下。解凍毛豆。
2 法國麵包先抹奶油起司再放上毛豆，最後撒上粗粒黑胡椒粉、起司粉。

memo

毛豆通常是配酒的下酒菜，富含代謝酒精的維生素B_1、不易水腫的鉀等營養素，也能預防夏日倦怠。

大豆拌梅肉柴魚片

最後放上柴魚片就成了日式美食

91卡 熱量
1.9克 醣質
4.2克 脂質
9.0克 蛋白質

材料（2人份）

大豆罐頭（水煮）…130克
梅肉…12克
柴魚片…2克
醬油…1/2小匙

作法

1 將大豆、梅肉、柴魚片、醬油加入調理碗中拌勻。
2 盛盤，另外再撒上少許柴魚片（份量外）。

memo

大豆又稱作「田裡的肉」，蛋白質含量相當高。更含有豐富的醣質、維生素類、礦物質，也具有降膽固醇、預防骨質疏鬆等功效。

含有豐富蛋白質的味噌湯

海瓜子的鮮味融入湯中超美味

青花菜海瓜子巧達味噌湯

材料（2人份）

海瓜子（帶殼／吐完沙）…160克
青花菜…60克
酒…1大匙
高湯・牛奶…各200毫升
味噌…1大匙

作法

1 青花菜分小朵。
2 將高湯、1、海瓜子、酒加入鍋中，開中火加熱。
3 待海瓜子開殼後再加入牛奶，煮滾後再將味噌攪拌溶化進去。

散發出櫻花蝦的香氣與鮮味

櫻花蝦豆腐味噌湯

材料（2人份）

嫩豆腐…150克
櫻花蝦（乾燥）…2大匙
青蔥…10公分
高湯…400毫升
味噌…1又1/2大匙

作法

1 豆腐切小塊，青蔥切斜薄片。
2 將高湯、1、櫻花蝦加入鍋中煮滾後再將味噌攪拌溶化進去。

112卡 熱量
6.0克 醣質
6.2克 脂質
7.4克 蛋白質

濃郁的油豆腐提升滿足度

高麗菜洋蔥油豆腐味噌湯

材料（2人份）

油豆腐…1/2片（100克）
高麗菜…50克
洋蔥…1/4顆
高湯…400毫升
味噌…1又1/2大匙

作法

1 高麗菜切1公分寬的長條狀，洋蔥切1公分寬的半月形。油豆腐切成一口大小。
2 將高湯、1加入鍋中開中火加熱，煮滾後再將味噌攪拌溶化進去。

組合3種大豆製品，
一口吃到豐富的蛋白質！

納豆豆皮味噌湯

材料（2人份）

油炸豆皮…1片
納豆…2盒
高湯…400毫升
味噌…1又1/2大匙
蔥花…適量

作法

1 油炸豆皮切條狀。
2 將高湯、1加入鍋中開中火加熱，煮滾後再將味噌攪拌溶化進去，接著再加入納豆煮滾。
3 盛入碗中，撒上蔥花。

181卡 熱量
7.3克 醣質
10.4克 脂質
12.7克 蛋白質

加入一整顆番茄，味道很清爽

鯖魚高麗菜番茄味噌湯

材料（2人份）

鯖魚罐頭（水煮）…1罐
高麗菜…60克
番茄…1顆
水…400毫升
味噌…1大匙

作法

1 高麗菜切3～4公分，番茄切半月形備用。
2 將水、鯖魚連同醬汁、高麗菜一起加入鍋中，開中火加熱。
3 待高麗菜軟了後再加入番茄稍微煮一下，最後再將味噌攪拌溶化進去即可。

鬆軟的鮭魚以薑提味

鮭魚金針菇味噌湯

材料（2人份）

新鮮鮭魚（切片）…2片
鹽…1/8小匙
金針菇…100克
薑絲…7克
酒・味噌…各1大匙
高湯…400毫升

作法

1 鮭魚切一口大小，抹上鹽靜置4～5分鐘後用廚房紙巾擦去水分。
2 先將金針菇切掉根部，再切3公分段。
3 將高湯、1、薑、酒加入鍋中，開中火加熱煮滾。
4 鮭魚煮熟後再加入2，金針菇軟了後再將味噌攪拌溶化進去。

濃郁美味的肉燥唇齒留香！

肉燥豆腐豆芽菜擔擔味噌湯

材料（2人份）

嫩豆腐…200克
A 豬絞肉…120克
A 豆瓣醬…1小匙
蒜頭末…1/2瓣
薑末…7克
豆芽菜…100克
B 雞湯粉…1小匙
B 水…400毫升
白芝麻醬…1大匙
味噌…2小匙～1大匙
沙拉油…2小匙
蔥花…適量

作法

1 豆腐手剝容易食用大小。
2 沙拉油加入鍋中開小火加熱後，再加入蒜末、薑末爆香，待香味出來後再加入**A**拌炒。
3 將**B**與白芝麻醬拌勻，再加入**2**中，開中火，煮滾後加入**1**、豆芽菜。熟了後再將味噌攪拌溶化進去。盛入碗中，撒上蔥花。

最後再加入蛋液，就有軟嫩蛋花！

韭菜豆腐蛋花味噌湯

材料（2人份）

板豆腐…150克
蛋液…1顆
韭菜…30克
雞湯粉…1小匙
水…400毫升
味噌…1大匙

作法

1 豆腐手剝容易食用大小，韭菜切3～4公分段。
2 將水、雞湯粉、板豆腐加入鍋中開中火，煮滾後再加入韭菜，將味噌攪拌溶化進去。
3 蛋液繞圈加入**2**中即完成。

和番茄超搭的鹹鮮魩仔魚！

番茄魩仔魚

材料（2人份）

番茄…2顆
魩仔魚…2大匙
A
高湯…200毫升
醬油・味醂…各2小匙
鹽…1小撮

作法

1 番茄去蒂頭，底部劃十字刀。放入熱水中燙10秒後取出，放入冰水中冰鎮、去皮。
2 將A加入鍋中煮沸後關火。
3 將1、2、魩仔魚加入保存容器中，放涼後再放進冰箱冷藏1小時以上。

一吃就愛上的噗滋噗滋口感

胡蘿蔔拌明太子

材料（2人份）

胡蘿蔔…150克
明太子…40克
無糖優格…3大匙
鹽・胡椒…各適量

作法

1 胡蘿蔔切絲，用1/4小匙鹽（份量外）抓醃，出水後再擰掉水分。
2 明太子加入耐熱容器中，蓋上保鮮膜微波加熱50～60秒取出撥鬆。
3 將1、2、優格加入調理碗中拌勻，最後再以鹽、胡椒調味。

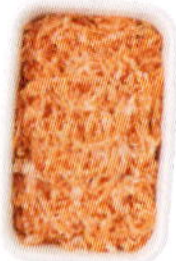

保存期間
冷藏 **4～5** 日

有紅有綠的美麗沙拉

青花菜起司沙拉

材料（2人份）

青花菜…120克
紅色彩椒…1/2個
茅屋起司…3大匙
鹽…適量

作法

1 青花菜分小朵，以鹽水（份量外）汆燙。彩椒切薄片。

2 將**1**、茅屋起司加入調理碗中拌勻，再以鹽調味。

青江菜的口感促進咀嚼！

韓式青江菜拌蝦仁

材料（2人份）

蝦仁（冷凍）…100克
青江菜…1袋（200克）

A
- 蒜泥…1瓣
- 芝麻油・白芝麻…各2小匙
- 雞湯粉…1/2小匙
- 鹽…1/4小匙

作法

1 煮一鍋沸水，快速汆燙青江菜，切成容易食用大小。再用這鍋沸水汆燙解凍的蝦仁後瀝掉水分。

2 將**1**、**A**加入調理碗中拌勻。

保存期間
冷藏 **3** 日

以奶香起司提味！

蟹肉棒起司涼拌高麗菜

材料（2人份）

蟹肉棒…4條
起司…50克
高麗菜…200克
A：美乃滋…1大匙
A：醋…1/2大匙
鹽．胡椒…各適量

作法

1 高麗菜切絲，用1/4小匙鹽（份量外）抓醃，出水後再擰掉水分。
2 將蟹肉棒手撕條狀，起司切塊狀。
3 將1、2、A加入調理碗中拌勻，最後再以鹽、胡椒調味。

保存期間

冷藏 **3～4** 日

令人停不下筷子的甜鹹昆布！

燉煮昆布絲大豆

材料（2人份）

油炸豆皮…1片
大豆罐頭（水煮）…100克
胡蘿蔔…60克
昆布絲（乾燥）…20克
A：水…300毫升
A：醬油．酒．味醂…各1又1/2大匙
A：砂糖…1大匙
芝麻油…2小匙

作法

1 油炸豆皮和胡蘿蔔切短片狀。昆布絲泡水後瀝乾水分。
2 芝麻油加入鍋中開中火加熱，接著加入昆布絲、胡蘿蔔拌炒，再加入油炸豆皮、瀝掉湯汁的大豆一起快速拌炒一下。
3 將A加入2中，煮到收汁即可。

保存期間

冷藏 **3～4** 日

香味四溢的竹輪和香菇！

醬煮竹輪香菇

材料（2人份）

竹輪…4條（140克）
香菇…6朵

A
- 水…4大匙
- 醬油・味醂…各1大匙
- 砂糖…1/2大匙

作法

1. 竹輪切圓片，香菇切十字的四等分。
2. 將**1**、**A**加入耐熱容器中，蓋上保鮮膜，微波加熱3～4分鐘。取出直接放涼，待其入味即可食用。

鮭魚鬆入菜，輕鬆攝取蛋白質！

豆苗拌鮭魚鬆

材料（2人份）

小豆苗…1袋

A
- 鮭魚鬆…2大匙
- 白芝麻・芝麻油…各1小匙

鹽…適量

作法

1. 將豆苗切3～4公分段後，加入耐熱容器中，蓋上保鮮膜，微波加熱2～3分鐘。
2. 當**1**熟了後再加入**A**拌勻，最後以鹽調味。

以小松菜補充鐵和鈣！

小松菜炒鮪魚

材料（2人份）

小松菜…200克
鮪魚罐頭（油漬）…1罐
芝麻油…1大匙
鹽・胡椒…各適量

作法

1 小松菜切3～4公分段，鮪魚瀝掉湯汁。
2 芝麻油加入平底鍋中，開中火加熱，接著加入**1**拌炒，最後再以鹽、胡椒調味。

帶有口感的蘆筍可促進消化

蘆筍拌海苔起司

材料（2人份）

綠蘆筍…8～10支（160克）
茅屋起司…2大匙
鹽・胡椒…各適量
燒海苔…1片

作法

1 蘆筍切掉根部較硬的部分，削去葉鞘，用鹽水（份量外）煮熟後切3～4公分段。
2 將**1**、茅屋起司加入調理碗中拌勻，以鹽、胡椒調味後，再撒上手撕小片的燒海苔，一起拌勻。

以海藻的膳食纖維清腸道

薑絲炒海帶芽

材料（2人份）

海帶芽（乾燥）…10克
薑…15克
芝麻油…2小匙
A 雞湯粉・醬油…各1/2小匙

作法

1 海帶芽泡水後瀝乾水分。薑切絲。
2 芝麻油加入平底鍋中開中火加熱，加入**1**拌炒。炒熟後再加入**A**繼續拌炒入味。

48卡 熱量
1.4克 醣質
4.0克 脂質
0.8克 蛋白質

保存期間
冷藏 **4～5**日

蘿蔔乾的口感令人一口接一口！

蘿蔔乾拌納豆

材料（2人份）

納豆…2盒
蘿蔔乾絲…30克
醃黃蘿蔔…50克
醬油…少許
蔥花…適量

作法

1 蘿蔔乾絲泡水後瀝乾水分。醃黃蘿蔔切細絲備用。
2 將**1**、納豆和附的醬油一起加入調理碗中拌勻。可依個人口味，再酌量增加醬油。
3 盛入碗中，撒上蔥花。

144卡 熱量
12.3克 醣質
4.9克 脂質
8.8克 蛋白質

香味的主角是酥脆的堅果

羊棲菜拌起司堅果

材料（2人份）

羊棲菜芽（乾燥）…10克
胡蘿蔔…80克
茅屋起司…3大匙
個人喜好的堅果（核桃・杏仁等）
…共20克
鹽…適量

作法

1 羊棲菜芽泡水瀝乾。胡蘿蔔切絲後用鹽抓醃。
2 將1、茅屋起司、鹽加入調理碗中拌勻後，再撒上切碎的綜合堅果即可。

保存期間
冷藏 4～5 日

低醣質卻大滿足的大阪燒！

豆腐大阪燒

材料（2人份）

A
綜合海鮮（解凍）…100克
蛋液…3顆
高麗菜絲…50克
紅薑…18克
豆渣粉…3大匙

沙拉油・大阪燒醬・柴魚片・海苔粉・紅薑
…各適量

作法

1 解凍綜合海鮮。
2 將A加入調理碗中拌勻。
3 沙拉油加入平底鍋中，開中火加熱，把2的麵糊分4等分，倒入鍋中煎。待煎到焦黃時上下翻面繼續煎熟。
4 盛盤，淋上大阪燒醬，撒上柴魚片、海苔粉、紅薑。

每一口都吃得到濃厚味美的鮪魚

番茄燉大豆鮪魚

材料（2人份）

大豆罐頭（水煮）…100～130克
鮪魚罐頭（油漬）…1罐
洋蔥…1/2顆
A 番茄汁（無鹽）…200毫升
A 高湯粉．蜂蜜…各1小匙
鹽．胡椒…各適量
橄欖油…2小匙

作法

1 洋蔥切薄片。
2 橄欖油加入鍋中開中火加熱，加入1、瀝掉湯汁的大豆、連同湯汁的鮪魚和A。煮到稍微收汁，最後再以鹽、胡椒調味。

鬆軟炒蛋中多了魩仔魚的鮮味

荷蘭豆魩仔魚炒蛋

材料（2人份）

蛋液…2顆
魩仔魚…2大匙
荷蘭豆…50克
醬油…1小匙
鹽．胡椒…各適量
芝麻油…1大匙

作法

1 荷蘭豆去絲。
2 芝麻油加入平底鍋中開中火加熱，倒入蛋液炒熟，取出備用。
3 再加一點芝麻油到2的鍋中，加入1、魩仔魚拌炒。最後加入醬油拌勻後再加入炒蛋，用鹽、胡椒調味。

肉類・肉類加工品

■牛肉
小松菜肉片豆腐……58
小茴香炒大豆牛肉……92
牛肉半敲燒……94
牛肉納豆炒辛奇……95
醬炒牛肉彩椒……95

■豬肉
豬肉溫蔬菜沙拉……66
海陸辣豆腐鍋……73
柚子醋炒番茄豬里肌……88
小茴香煎豬里肌……90
涮豬肉豆腐沙拉……91
燉豬肉蔬菜……91
豆腐蔬菜炒肉片……130

■雞肉
蔬菜雞肉蛋烏龍麵……57
高麗菜雞肉沙拉……68
埃及帝王菜雞柳蕪菁湯……74
義式香煎雞胸肉……76
照燒雞胸肉……78
香煎茄汁雞胸肉……79
雞肉時蔬涮涮鍋……80
味噌優酪烤雞……81
雞肉榨菜拌豆腐……81
印度烤雞柳……82
雞柳回鍋肉……84
雞柳四季豆炒蛋……85
涼拌麻醬手撕雞……86
雞柳越式生春捲……87
焗烤梅子雞柳……87

■絞肉
荷包蛋打拋雞肉飯……61
豆腐肉醬義大利麵……62
豆腐雞肉丸子高麗菜湯……72
擔擔豆乳湯……74
起司豆腐漢堡排……96
凍豆腐鑲肉……98
雞肉豆腐香腸……99
奶香濃湯水餃……100
豆腐豆漿擔擔鍋……101
納豆肉燥……137
肉燥豆腐豆芽菜擔擔味噌湯……147

■培根、火腿
烘蛋風歐姆蛋……122
包餡荷包蛋……125

■烤雞罐頭
烤雞肉起司燒……118
雞肉油豆腐披薩……118

海鮮・海鮮加工品

■蛤蜊
海陸辣豆腐鍋……73
青花菜海瓜子巧達味噌湯……144

■鯷魚
蝦仁鯷魚生菜沙拉……69
章魚高麗菜拌鯷魚……110

■花枝・章魚
醋漬花枝小黃瓜海帶芽……58
章魚高麗菜拌鯷魚……110
辣醬花枝竹輪……111
花枝辛奇納豆……111

■蝦
蝦仁生菜沙拉……62
梅肉鮪魚凱薩沙拉……69
生拌甜蝦干貝……113
韓式青江菜拌蝦仁……149

■鰹魚
鰹魚香料沙拉……67

■柴魚片
海帶芽味噌湯……76
柴魚片起司生蛋拌飯……120
大豆拌梅肉柴魚片……143
豆腐大阪燒……154

■蟹味棒
蟹肉棒起司涼拌高麗菜……150

■櫻花蝦
櫻花蝦蔥花高湯生蛋拌飯……120
櫻花蝦豆腐味噌湯……144

■鮭魚・鮭魚鬆・鮪魚
烤鮭魚……60
豆漿燉鮭魚……105
蔥花碎鮭魚……113
鮭魚金針菇味噌湯……146
豆苗拌鮭魚鬆……151

■鯖魚
牛奶味噌煮鯖魚……104

■鯖魚罐頭
5種蔬菜鯖魚沙拉……64
甘醋漬鯖魚……116
鯖魚涼拌羊棲菜……116
鯖魚高麗菜番茄味噌湯……146

■鰆魚
香煎鰆魚佐莫札瑞拉起司……106

■秋刀魚罐頭
秋刀魚炒蛋……117

■綜合海鮮
蛤蜊巧達濃湯……70
焗烤豆漿海鮮白菜……108
豆腐大阪燒……154

■魩仔魚
魩仔魚蔥花生蛋拌飯……121
韓式魩仔魚煎蛋……124
番茄魩仔魚……148
荷蘭豆魩仔魚炒蛋……155

■鯛魚
蘿蔔泥燉鯛魚豆皮……115

■明太子
胡蘿蔔拌明太子……148

■竹輪
辣醬花枝竹輪……111
醬煮竹輪香菇……151

■鮪魚罐頭
羊棲菜鮪魚沙拉……58
梅肉鮪魚凱薩沙拉……69
鮪魚蛋三明治……117
玉米鮪魚生蛋拌飯……121
鮪魚優格豆渣沙拉……141
小松菜炒鮪魚……152
番茄燉大豆鮪魚……155

■鮪魚
鮪魚生魚片蔬菜沙拉……68
義式嫩煎咖哩鮪魚……114
鮪魚鵪鶉蛋芥末涼拌豆腐……128
鮪魚納豆……136

■鰤魚
照燒鰤魚油豆腐……102

■干貝
生拌甜蝦干貝……113

■旗魚
香煎旗魚佐塔塔醬……107

海藻類

■昆布絲・鹽昆布
燉煮昆布絲大豆……150
秋葵鹽昆布涼拌豆腐……129
昆布茶湯……108
醋拌水雲昆布絲涼拌豆腐……129

■海苔
韓國海苔鹽麴生蛋拌飯……121
鮪魚納豆……136
蘆筍拌海苔起司……152

■裙帶絲
裙帶絲蔥花柚子醋醬油涼拌豆腐……129
■羊棲菜
羊棲菜鮪魚沙拉……58
鯖魚涼拌羊棲菜……116
大豆拌羊棲菜……119
羊棲菜拌起司堅果……154
■醋漬水雲
醋漬水雲湯……122
醋拌水雲昆布絲涼拌豆腐……129
■海帶芽
醋漬花枝小黃瓜海帶芽……58
豆腐海帶芽味噌湯……60
梅肉鮪魚凱薩沙拉……69
海帶芽味噌湯……76
生拌甜蝦干貝……113
醋拌海帶芽納豆……137
薑絲炒海帶芽……153

蔬菜類

■紫蘇葉
鰹魚香料沙拉……67
雞柳越式生春捲……87
蔥花碎鮭魚……113
番茄紫蘇葉柚子醋醬油涼拌豆腐……129
■義大利香芹
香煎旗魚佐塔塔醬……107
■毛豆
梅肉鮪魚凱薩沙拉……69
毛豆炒蛋……125
繽紛三色豆渣沙拉……140
毛豆奶油醬佐法國麵包……142
■秋葵
秋葵鹽昆布涼拌豆腐……129
■蘿蔔嬰
鰹魚香料沙拉……67
海帶芽味噌湯……76
涮豬肉豆腐沙拉……91
■蕪菁
埃及帝王菜雞柳蕪菁湯……74
■南瓜
烘蛋風歐姆蛋……122
■荷蘭豆
荷蘭豆魩仔魚炒蛋……155
■高麗菜
蔬菜雞肉蛋烏龍麵……57
蝦仁生菜沙拉……62
高麗菜雞肉沙拉……68
豆腐雞肉丸子高麗菜湯……72
玉米蛋花濃湯……75
雞柳回鍋肉……84
蔬菜湯……102
章魚高麗菜拌鯷魚……110
高麗菜洋蔥油豆腐味噌湯……145
鯖魚高麗菜番茄味噌湯……146
蟹肉棒起司涼拌高麗菜……150
豆腐大阪燒……154
■小黃瓜
醋漬花枝小黃瓜海帶芽……58
大豆小黃瓜沙拉……60
梅肉鮪魚凱薩沙拉……69
味噌優格烤雞……81
涼拌麻醬手撕雞……86
土耳其風小黃瓜優格湯……126
味噌優酪蔬菜棒……127
醋拌海帶芽納豆……137
繽紛三色豆渣沙拉……140
鮪魚優格豆渣沙拉……141
■蘿蔔乾
蘿蔔乾拌納豆……153
■奶油玉米罐頭・玉米粒
玉米蛋花濃湯……75
起司豆腐漢堡排……96
鯖魚涼拌羊棲菜……116
玉米鮪魚生蛋拌飯……121
■綠蘆筍
印度烤雞柳……82
蘆筍拌海苔起司……152
■生菜
蝦仁生菜沙拉……62
蝦仁鯷魚生菜沙拉……69
梅肉鮪魚凱薩沙拉……69
雞柳越式生春捲……87
番茄納豆沙拉……136
■蔥
蔬菜雞肉蛋烏龍麵……57
鮪魚生魚片蔬菜沙拉……68
海陸辣豆腐湯……73
番茄味噌湯……83
柚子醋炒番茄豬里肌……88
蔥花碎鮭魚……113
凍豆腐鑲肉……98
烤雞肉起司燒……118
櫻花蝦蔥花高湯生蛋拌飯……120
魩仔魚蔥花生蛋拌飯……121
韓式魩仔魚煎蛋……124
辣味榨菜蔥花涼拌豆腐……128
裙帶絲蔥花柚子醋醬油涼拌豆腐……129
蒜泥拌豆腐酪梨……135
櫻花蝦豆腐味噌湯……144
納豆豆皮味噌湯……145
肉燥豆腐豆芽菜擔擔味噌湯……147
蘿蔔乾拌納豆……153
■小松菜
小松菜肉片豆腐……58
牛蒡小松菜味噌湯……131
小松菜黃芥末拌納豆……136
小松菜炒鮪魚……152
■牛蒡
牛蒡小松菜味噌湯……131
■四季豆
照燒雞胸肉……78
雞柳四季豆炒蛋……85
起司豆腐漢堡排……96
蘿蔔泥燉鯛魚豆皮……115
■青辣椒
照燒鰤魚油豆腐……102
■春菊
鮪魚生魚片蔬菜沙拉……68
■甜豌豆
豬肉溫蔬菜沙拉……66
■芹菜
豆腐肉醬義大利麵……62
鰹魚香料沙拉……67
蝦仁鯷魚生菜沙拉……69
蛤蜊巧達濃湯……70
土耳其風小黃瓜優格湯……126
■蘿蔔・蘿蔔泥
蘿蔔泥燉鯛魚豆皮……115
番茄納豆沙拉……136
■洋蔥
小松菜肉片豆腐……58
荷包蛋打拋雞肉飯……61
蝦仁生菜沙拉……62
蝦仁鯷魚生菜沙拉……69
蛤蜊巧達濃湯……70
玉米蛋花濃湯……75
小茴香炒大豆牛肉……92
起司豆腐漢堡排……96
蔬菜湯……103
香煎旗魚佐塔塔醬……107
烘蛋風歐姆蛋……122
繽紛三色豆渣沙拉……140
高麗菜洋蔥油豆腐味噌湯……145

番茄燉大豆鮪魚……155

■青江菜
青江菜拌蝦仁……149

■豆苗
豆苗拌鮭魚鬆……151

■番茄．番茄汁．番茄罐頭
青花菜蛋沙拉……56
豆腐肉醬義大利麵……62
5種蔬菜鯖魚沙拉……64
鮪魚生魚片蔬菜沙拉……68
高麗菜雞肉沙拉……68
番茄味噌湯……83
涼拌麻醬手撕雞……86
焗烤梅子雞柳……87
柚子醋炒番茄豬里肌……88
涮豬肉豆腐沙拉……91
香煎鯖魚佐莫札瑞拉起司……106
番茄紫蘇葉柚子醋醬油涼拌豆腐……129
義大利鹽豆腐沙拉……134
番茄納豆沙拉……136
繽紛三色豆渣沙拉……140
鯖魚高麗菜番茄味噌湯……146
番茄魩仔魚……148
番茄燉大豆鮪魚……155

■苦苣
蝦仁鯷魚生菜沙拉……69

■茄子
豬肉溫蔬菜沙拉……66
蒜炒綜合豆茄子……138

■韭菜
擔擔豆乳湯……74
韭菜味噌湯……88
韭菜豆腐蛋花味噌湯……147

■胡蘿蔔
蔬菜雞肉蛋烏龍麵……57
蝦仁生菜沙拉……62
豬肉溫蔬菜沙拉……66
梅肉鮪魚凱薩沙拉……69
蛤蜊巧達濃湯……70
雞肉時蔬涮涮鍋……80
雞柳越式生春捲……87
燉豬肉蔬菜……91
蔬菜湯……103
大豆拌羊棲菜……119
韓式魩仔魚煎蛋……124
豆腐蔬菜炒肉片……131
胡蘿蔔拌明太子……148
燉煮昆布絲大豆……150
羊棲菜拌起司堅果……154

■白菜
雞肉時蔬涮涮鍋……80
燉豬肉蔬菜……91
焗烤豆漿海鮮白菜……108

■香菜
鮪魚生魚片蔬菜沙拉……68
奶香濃湯水餃……100
香菜納豆……137

■羅勒
荷包蛋打拋雞肉飯……61
雞肉豆腐香腸……99
香煎鯖魚佐莫札瑞拉起司……106
義大利鹽豆腐沙拉……134

■甜椒
荷包蛋打拋雞肉飯……61
蝦仁鯷魚生菜沙拉……69
醬炒牛肉彩椒……95
味噌優格蔬菜棒……127
凍豆腐炒彩椒……132
青花菜起司沙拉……149

■青椒
荷包蛋打拋雞肉飯……61
味噌優格烤雞……81
雞柳回鍋肉……84
雞肉油豆腐披薩……118
凍豆腐炒彩椒……132

■青花菜
青花菜蛋沙拉……56
豬肉溫蔬菜沙拉……66
豆漿燉鮭魚……105
青花菜海瓜子巧達味噌湯……144
青花菜起司沙拉……149

■青花椰苗
5種蔬菜鯖魚沙拉……65

■貝比生菜
香煎茄汁雞胸肉……79
小茴香煎豬里肌……90
牛肉半敲燒……94
雞肉豆腐香腸……99

■菠菜
大豆菠菜拌豆腐……119
凍豆腐雞蛋三明治……133

乳製品

■牛奶
梅肉鮪魚凱薩沙拉……69
蛤蜊巧達濃湯……70
玉米蛋花濃湯……75
牛奶味噌煮鯖魚……104
秋刀魚炒蛋……117
烘蛋風歐姆蛋……122

■起司
大豆小黃瓜沙拉……60
青花菜起司沙拉……149
蘆筍拌海苔起司……152
羊棲菜拌起司堅果……154

■奶油起司
鮪魚蛋三明治……117
毛豆奶油醬佐法國麵包……142

■起司粉
梅肉鮪魚凱薩沙拉……69
豆漿燉鮭魚……105
毛豆奶油醬佐法國麵包……142

■脫脂奶粉．脫脂牛奶
蛤蜊巧達濃湯……70
奶香濃湯水餃……100

■切片起司
起司豆腐漢堡排……96

■披薩用起司
納豆起司吐司……56
焗烤梅子雞柳……87
烤焗豆漿海鮮白菜……108
烤雞肉起司燒……118
雞肉油豆腐披薩……118
烘蛋風歐姆蛋……122
韓式魩仔魚煎蛋……124

■塊狀起司
柴魚片起司生蛋拌飯……120
蟹肉棒起司涼拌高麗菜……150

■莫札瑞拉起司
香煎鯖魚佐莫札瑞拉起司……106

■優格
蝦仁鯷魚生菜沙拉……69
味噌優格烤雞……81
印度烤雞柳……82
土耳其風小黃瓜優格湯……126
黑芝麻優格吐司……127
味噌優格蔬菜棒……127
鮪魚優格豆渣沙拉……141
胡蘿蔔拌明太子……148

豆類・豆製品

■油豆腐
照燒鰤魚油豆腐……102
雞肉油豆腐披薩……118
高麗菜洋蔥油豆腐味噌湯……145

■油炸豆皮
豆腐海帶芽味噌湯……60
蘿蔔泥燉鯛魚豆皮……115
大豆拌羊棲菜……119
納豆豆皮味噌湯……145
燉煮昆布絲大豆……150

■凍豆腐
凍豆腐鑲肉……98
凍豆腐炒彩椒……132
凍豆腐雞蛋三明治……133

■大豆
大豆小黃瓜沙拉……60
小茴香炒大豆牛肉……92
大豆菠菜拌豆腐……119
大豆拌羊棲菜……119
大豆拌梅肉柴魚片……143
燉煮昆布絲大豆……150
番茄燉大豆鮪魚……155

■豆漿
擔擔豆乳湯……74
燕麥鹹豆漿……75
涼拌麻醬手撕雞……86
豆腐豆漿擔擔鍋……101
豆漿燉鮭魚……105
香煎旗魚佐塔塔醬……107
焗烤豆漿海鮮白菜……108
豆漿筍乾豆腐……135

■豆腐・豆渣
小松菜肉片豆腐……58
豆腐海帶芽味噌湯……60
豆腐肉醬義大利麵……62
豆腐雞肉丸子高麗菜湯……72
海陸辣豆腐鍋……73
燕麥鹹豆漿……75
味噌優格烤雞……81
涮豬肉豆腐沙拉……91
起司豆腐漢堡排……96
雞肉豆腐香腸……99
豆腐豆漿擔擔鍋……101
大豆菠菜拌豆腐……119
各種涼拌豆腐料理……128、129
豆腐蔬菜炒肉片……131
義大利鹽豆腐沙拉……134
豆漿筍乾豆腐……135
蒜泥拌豆腐酪梨……135
繽紛三色豆渣沙拉……140
鮪魚優格豆渣沙拉……141
櫻花蝦豆腐味噌湯……144
肉燥豆腐豆芽菜擔擔味噌湯……147
韭菜豆腐蛋花味噌湯……147
豆腐大阪燒……154

■納豆
納豆起司吐司……56
牛肉納豆炒辛奇……95
花枝辛奇納豆……111
納豆芥末白芝麻生蛋拌飯……121
各種納豆料理……136、137
納豆豆皮味噌湯……145
蘿蔔乾拌納豆……153

■綜合豆類
5種蔬菜鯖魚沙拉……64
鮪魚生魚片蔬菜沙拉……69
蒜炒綜合豆茄子……138

水果・水果加工品

■酪梨
5種蔬菜鯖魚沙拉……64
酪梨辛奇冷豆腐……128
蒜泥拌豆腐酪梨……135
酪梨納豆……136

■檸檬・檸檬汁
大豆小黃瓜沙拉……60
蝦仁生菜沙拉……62
5種蔬菜鯖魚沙拉……64
鮪魚生魚片蔬菜沙拉……68
小茴香煎豬里肌……90
雞肉豆腐香腸……99
香煎鰆魚佐莫札瑞拉起司……106
香煎旗魚佐塔塔醬……107
繽紛三色豆渣沙拉……140

醃漬物

■梅乾・梅肉
梅肉鮪魚凱撒沙拉……69
焗烤梅子雞柳……87
佃煮昆布醃梅乾生蛋拌飯……120
芝麻風梅肉涼拌豆腐……128
大豆拌梅肉柴魚片……143

■辛奇
牛肉納豆炒辛奇……95
花枝辛奇納豆……111
酪梨辛奇涼拌豆腐……128

■昆布佃煮
佃煮昆布醃梅乾生蛋拌飯……120

■榨菜
燕麥鹹豆漿……75
雞肉榨菜拌豆腐……81
辣味榨菜蔥花涼拌豆腐……128

■醋漬薑片
香煎旗魚佐塔塔醬……107

■蘿蔔乾
蘿蔔乾拌納豆……153

■紅薑
豆腐大阪燒……154

■筍乾
豆漿筍乾豆腐……135

穀物類・堅果類

■烏龍麵
蔬菜蛋雞肉烏龍麵……57

■燕麥片
燕麥鹹豆漿……75

■餃子皮
奶香濃湯水餃……100

■米飯
各種生蛋拌飯……120、121
荷包蛋打拋雞肉飯……61

■什穀
豬肉溫蔬菜沙拉……66

■吐司・法國麵包
納豆起司吐司……56
鮪魚蛋三明治……117
黑芝麻優格吐司……127
毛豆佐奶油醬法國麵包……142

■薏仁
鮪魚生魚片蔬菜沙拉……68

■糙米
鰹魚香料沙拉……67
蝦仁鯷魚生菜沙拉……69
埃及帝王菜雞柳蕪菁湯……74

■堅果種子類
梅肉鮪魚凱撒沙拉……69
羊棲菜拌堅果起司……154

其他

■小茴香
小茴香煎豬里肌……90
小茴香炒大豆牛肉……92

■昆布茶
昆布茶湯……108

■鹽麴
韓國海苔鹽麴生蛋拌飯……121

■越南米紙
雞柳越式生春捲……87

台灣廣廈國際出版集團
Taiwan Mansion International Group

國家圖書館出版品預行編目（CIP）資料

吃得到滿滿蛋白質！全營養簡易料理：隨手用「魚肉蛋奶豆」就能做，147種高效吸收、促進肌肉生長的美味組合 / 宮地元彥著. -- 初版. -- 新北市：蘋果屋, 2024.11
160面；17×23公分
ISBN 978-626-7424-39-1（平裝）
1.CST: 蛋白質 2.CST: 烹飪 3.CST: 食譜

427.1 113013409

蘋果屋
APPLE HOUSE

吃得到滿滿蛋白質！全營養簡易料理

隨手用「魚肉蛋奶豆」就能做，147種高效吸收、促進肌肉生長的美味組合

監　　修／宮地元彥
食　　譜／堀江幸子
翻　　譯／王淳蕙

編輯中心執行副總編／蔡沐晨・**編輯**／陳宜鈴
封面設計／何偉凱・**內頁排版**／菩薩蠻數位文化有限公司
製版・印刷・裝訂／皇甫・秉成

行企研發中心總監／陳冠蒨
媒體公關組／陳柔彣
綜合業務組／何欣穎

線上學習中心總監／陳冠蒨
企製開發組／江季珊、張哲剛

發 行 人／江媛珍
法 律 顧 問／第一國際法律事務所 余淑杏律師・北辰著作權事務所 蕭雄淋律師
出　　版／蘋果屋
發　　行／蘋果屋出版社有限公司
地址：新北市235中和區中山路二段359巷7號2樓
電話：（886）2-2225-5777・傳真：（886）2-2225-8052

代理印務・全球總經銷／知遠文化事業有限公司
地址：新北市222深坑區北深路三段155巷25號5樓
電話：（886）2-2664-8800・傳真：（886）2-2664-8801
郵 政 劃 撥／劃撥帳號：18836722
劃撥戶名：知遠文化事業有限公司（※單次購書金額未達1000元，請另付70元郵資。）

■出版日期：2024年11月

ISBN：978-626-7424-39-1